HEADHUNTING

ANNETTE KINNEAR

HEAD-HUNTING

»Bitte husten Sie,
falls Ihr Chef gerade mithört!«

Insiderberichte von der geheimen Jagd
auf dem Arbeitsmarkt

SCHWARZKOPF & SCHWARZKOPF

INHALT

ZUALLERERST:
WARUM ICH DIESES BUCH GESCHRIEBEN HABE

Beim Schreiben von *Headhunting* fühlte ich mich zuweilen wie ein Zauberer, der seine Trickkiste öffnet. Mit dem Unterschied, dass der Magier dabei unerkannt bleiben will – schließlich verstößt er gegen den Ehrenkodex seiner Zunft.

Das passt nicht zu mir. Wenn ich mich entschließe, über ein Thema zu schreiben, sollen meine Leser auch wissen, wer dahintersteckt. Trotzdem zerbrach ich mir lange den Kopf über Kollegen, die sich verraten fühlen könnten. Und ich sorgte mich um das Image einer Branche, die ich sehr respektiere und liebe. Immerhin legen wir in *Headhunting* die Karten auf den Tisch. Aber für Unruhe zu sorgen war weder die Absicht der Kollegen, die mich an ihren Erfahrungen teilhaben ließen, noch meine eigene. Vielmehr sollen die Einblicke in unsere »Trickkiste« zeigen, wie wir ans Ziel gelangen und womit wir täglich kämpfen. Das wird bei genauer Betrachtung ganz sicher jedem Personalberater einleuchten und ihn ermutigen.

Arbeitgeber möchte das Buch fundiert informieren, ihnen bei der Auswahl einer guten Personalberatung helfen und ihnen für diese Dienstleistung Respekt abgewinnen.

Und Kandidaten möchte es zeigen, dass ihre Karriere bei einem professionellen Personalberater in guten Händen ist.

Was die manchmal skandalösen Enthüllungen betrifft: Sie werden für Spannung sorgen. Denn die Protagonisten der Geschichten erzählen nicht nur vom Berufsalltag seriöser Headhunter, sondern auch von den Praktiken schwarzer Schafe und Dilettanten, die teilweise den Ruf einer wertvollen Dienstleistung verderben. Das Fehlen einheitlicher Richtlinien kann zu einem lieblosen und ungeschickten Umgang mit Kandidaten und Kunden führen, der vertrauenswürdigen Beratungsfirmen sehr viel Kopfzerbrechen bereitet.

Das gilt auch für die Nutzer dieses Serviceangebots. Arbeitnehmer verunsichert der sich wandelnde »Mythos Headhunter«. Fast jeder Arbeitgeber berichtet über mindestens einen unglücklichen Vorfall mit einer Personalberatungsfirma. Immer undurchdringlicher scheint der Dschungel zu werden.

Aus diesem Grund richtet sich *Headhunting* an Arbeitnehmer, Arbeitgeber und Personalberater zugleich. Alle spricht das Buch aus dreifacher Perspektive an. Nicht nur Personalberatungsmitarbeiter, auch Kandidaten und Auftraggeber äußern ihre Meinung und teilen ihre Erfahrungen.

»Welche Risiken gehe ich bei einer Zusammenarbeit mit einem Headhunter ein? Wie ist er an mich herangekommen und was verdient er an meiner Vermittlung?«, fragt sich mancher Arbeitnehmer. »Hilfe! Ich möchte mein berufliches Schicksal nicht einem Dritten überlassen!«, sorgt sich ein anderer. Und viele fragen sich, was sie tun sollen, wenn eines Tages aus heiterem Himmel das Telefon klingelt und sie vernehmen: »Können Sie gerade frei sprechen?«

Auf der Unternehmerseite spielen immer mehr Personalentscheider mit dem Gedanken, doch einmal eine Personalberatung zu beauftragen. Unentschlossen wägen sie ab: teuer, undurchschaubar, übereifrige Verkaufstaktiken – alles sehr seltsam. »Bringt das überhaupt etwas? Wie vertreten sie mein Unternehmen? Verliere ich nicht zu viel Zeit mit einem solch waghalsigen Experiment? Und: Wie kann ich dieses entsetzlich hohe Honorar herunterhandeln?«

Personalberater selbst verzagen unter dem enormen Erfolgsdruck angesichts schlecht strukturierter Arbeitsabläufe und mangelnder moralischer Unterstützung. Oft haben sie so gut wie keine Ausbildung – und das bei einem anstrengenden Beruf, bei dem jedes Wort auf die Goldwaage gelegt wird.

Headhunting schafft Klarheit und offeriert Tipps aus der Praxis von Experten vieler Ebenen, Industriezweige und Länder. Die Erfahrungsberichte sind momentan besonders relevant, denn immer mehr Berater werden in die Branche hineinrekrutiert. Laut dem Bundesverband Deutscher Unternehmensberater BDU e. V. hat die Personalberatungsbranche in Deutschland 2011 ihren Umsatz um 14,8 Prozent auf 1,49 Milliarden Euro gesteigert. Der BDU schätzt die Anzahl der in Deutschland tätigen Personalberatungen auf rund 2.000 Unternehmen mit ca. 5.500 Beratern. Insgesamt sind rund 10.500 Mitarbeiter in der Personalberatungsbranche beschäftigt.[1]

Wer sich direkt bewerben möchte, wird es immer schwerer finden, selbst den Zugang zu einem breitgefächerten Angebot an Arbeitgebern zu finden. Denn die Headhunting-Branche setzt sich durch, auch in Deutschland. Arbeitgebern, die in einer Flut von Bewerbungen oft vergeblich einen einzigen passenden Anwärter suchen, bietet sie eine attraktive Alternative für die Besetzung ihrer Stellen – bei vermindertem Risiko, da oft bis zu hundert Prozent auf Provisionsbasis gearbeitet wird. Hinzu kommt, dass zögerliche Kandidaten mit Bewerbern konkurrieren, die sich professionell vertreten und anpreisen lassen.

In *Headhunting* werden die Schattenseiten der Branche nicht verschwiegen. Trotzdem werden Sie sehen: Die Vorteile überwiegen. Ganz klar, sonst fänden wir Headhunter keinen Platz auf dem Arbeitsmarkt. Wir jagen Köpfe, aber wir reißen sie nicht ab.

Annette Kinnear

DER AUFTRAG

»Schicken Sie uns keine Chinesen!«

Michelle Sichert, 31,
Teamleiterin in einer Personalberatung, Duisburg

Meine Kollegin Natascha ist aufgewühlt. Nach zwei Monaten in ihrem Beruf bittet sie mich, sie zu ihrem ersten potenziellen Neukunden zu begleiten, einem Hersteller von Elektrogeräten.

Wir fahren zusammen in ein exklusives Industriegebiet und sind von den Büroräumen der Firma beeindruckt. Das Understatement der Einrichtung lässt auf Professionalität und Vernunft schließen. In einem klassisch schlichten Konferenzzimmer setzen wir uns auf die angebotenen Plätze. Geschäftsführer, Entwicklungsleiter und Personalchef sind anwesend, eine Mitarbeiterin versorgt uns mit Getränken. Die Position erscheint wichtig, wir schätzen das Aufgebot an Führungskräften.

Nach etwas Small Talk und einem kurzen Überblick über unser Unternehmen widmen wir uns ohne weitere Umschweife der Erstellung des Anforderungsprofils für einen Produktentwickler.

Keine leichten, aber auch keine außergewöhnlichen Erwartungen, solider Arbeitgeber, geradlinige Entscheider, konstatiere ich. Wir fassen zusammen, ich verspreche den Gesprächspartnern, innerhalb von zwei Wochen hochkarätige Profile zu liefern.

Der Geschäftsführer erhebt sich in Aufbruchsstimmung. Wir tun es ihm gleich. »Ach ja, und schicken Sie uns keine Chinesen«, lässt er in sachlichem Ton fallen. Meine unerfahrene Kollegin klappt ihre Schreibmappe wieder auf, notiert eifrig »Chinesen unerwünscht«.

»Moment!«, wende ich ein, »Ich habe doch noch ein paar Fragen.« Man setzt sich wieder.

»Inder wollen wir hier auch nicht«, schickt der Entwicklungsleiter bekräftigend über den Besprechungstisch.

»Können Sie mir hierzu den Hintergrund erläutern?«

Der Personalchef wischt sich einen Schweißfilm von der Stirn, der sich gerade gebildet hat. »Meine Herren«, ermahnt er seine Kollegen, »das AGG!«

»Haben Sie schlechte Erfahrungen gemacht? Oder was macht Ihnen Sorgen?«, hake ich nach.

»Kennen Sie die Firma XYZ?« Er nennt den Namen eines europäischen Elektrokonzerns.

»Natürlich, ich benutzte früher gern ihre Haushaltsgeräte. Man findet sie kaum noch. Heute greift man eher zu ABC.« Ich nenne einen asiatischen Firmennamen und zwinge ein Lächeln in mein Gesicht. Denn ich ahne, wohin die Konversation führt.

»Sehen Sie, darum geht es. Diese Firmen haben einen Partnerschaftsvertrag geschlossen, woraufhin der Ferne Osten sich die europäischen Erfindungen unter den Nagel riss und ihren Partner aus dem Haushaltsgerätegeschäft vertrieb.

Asiaten arbeiten ein paar Jahre bei europäischen Unternehmen und verwenden dann ihre Kenntnisse in Firmen ihrer Heimatländer.«

»Haben Sie auch persönlich schmerzhafte Erfahrungen gemacht?«

»Eben nicht. Und wir wollen, dass es so bleibt.«

Zweifellos handelt es sich hierbei um ein Vorurteil. Absolut nicht die Norm, aber es kommt vor. Ich muss nicht weiterforschen. Ich weiß, dem Kunden geht es darum, Kandidaten auszuschließen, die nicht vertrauenswürdig sind, nicht darum, Asiaten zu benachteiligen. Davon bin ich überzeugt, sonst würde ich die Diskussion fortführen, um der Sache auf den Grund zu gehen. Trotzdem ist die Anweisung nicht nur unmoralisch, sie ist auch gesetzeswidrig. Die Situation ist problematisch, weil man neuen Kunden nicht bedenkenlos widerspricht. Sie lassen sich auch ungern belehren. Ich beschließe, diese Anforderung zu ignorieren und meine eifrige Mitarbeiterin entsprechend zu unterweisen. Im Auto folgt also meine Rüge, als Ratschlag getarnt: »Natascha, es ist empfehlenswert, solche Aussagen nicht auf Papier zu bringen.«

»Ja, ich habe mich gleich erinnert, das hatten wir ja im Training.«

»Genau.«

»Aber wie gehen wir damit um?«

»Gar nicht.«

»Gar nicht?«

»Die Möglichkeit, dass sich unter unseren demografischen Voraussetzungen ausgerechnet ein Asiat als idealer Kandidat erweist, ist so gut wie nicht vorhanden. Beginnen Sie einfach mit der Suche und wir bieten die drei Besten an. Das ist kein komplizierter Auftrag.«

Ich irre mich.

Nach einer Woche präsentiert meine Kollegin ihre dürftige Endauswahl: Kandidat A zu teuer, Kandidaten B und C nicht erfahren genug.

Natascha kämpft weiter und identifiziert endlich zwei brauchbare Kandidaten. Mindestens einen weiteren benötigen wir noch. Fast zwei Wochen sind vergangen und Natascha ist mit den Nerven am Ende. »Ich habe jemanden«, stöhnt sie, als ich auf Resultate dränge.

Ist doch toll, denke ich, warum jammert sie? »Zeigen Sie her.«

Sie schiebt mir den tadellosen Lebenslauf des perfekten Ingenieurs über den Tisch. Ein Volltreffer. Bis auf einen Haken: Er ist indischer Staatsbürger mit uneingeschränkter Arbeitserlaubnis. Ich blicke auf. Natascha kann meinem Blick nicht standhalten und schlägt bedrückt die Augen nieder.

»Das haben Sie gut gemacht.«

»Aber sehen Sie doch: Die Nationalität!«

»Wir können Kandidaten nicht erschaffen, Natascha, wir können nur anbieten, was in unserer Wirtschaft zur Verfügung steht.«

»Aber wir dürfen Kundenwünsche doch nicht einfach ignorieren!«, insistiert die beflissene Dienstleisterin.

»Das ist richtig, aber Herrn Singh werden wir in die Auswahl aufnehmen. Tun wir es nicht, machen wir uns mitschuldig. Arrangieren Sie einen Vorstellungstermin bei uns und überprüfen Sie die Zeugnisse. Bitten Sie den Kandidaten um Erlaubnis, sich mit seinen früheren Arbeitgebern in Verbindung zu setzen. Erkundigen Sie sich gezielt nach seiner Integrität. Ich stelle Ihnen ein paar Fragen zusammen. Führen Sie konsequent die gleiche Recherche bei allen Kandidaten durch, nicht nur bei Herrn Singh.«

Bei dem persönlichen Interview, das folgt, überzeugt mich Herr Singh. Er ist der Spitzenkandidat. Ein paar Tage später präsentieren wir unsere Shortlist telefonisch. Ich beginne mit den zwei schwächeren Kandidaten und erzähle dem Entwicklungsleiter im Anschluss von Herrn Singhs Werdegang. Der Kunde ist begeistert.

»Herr Schmidt, Sie haben bei unserem Gespräch neulich erwähnt, dass Sie befürchten, man könne Ihre Entwicklungen veruntreuen, und dass Sie Wert auf persönliche Integrität legen. In diesem Zusammenhang klang an, dass Sie aufgrund von bestimmten Vorkommnissen bei asiatischen Kandidaten ein gewisses Maß an Misstrauen hegen. Bei diesem letzten Kandidaten handelt es sich um einen indischen Staatsbürger, der seit zehn Jahren in Deutschland lebt. Sein Antrag auf deutsche Staatsbürgerschaft läuft. Wir haben seine akademischen Qualifikationen verifiziert, uns bei den beiden letzten Arbeitgebern speziell nach seiner Vertrauenswürdigkeit erkundigt und Ihre Befürchtungen diskret, aber direkt angesprochen. Beide Arbeitgeber legen ihre Hand für ihn ins Feuer. Und das haben sie berichtet: …«

Die Reaktion des Herrn Schmidt?

Wie erwartet: »Das ist doch überhaupt kein Thema! Herr Singh soll sich noch diese Woche bei unserem Personalchef vorstellen und gleich danach zu mir kommen. Wir freuen uns!«

»Wird Ihr Geschäftsführer einverstanden sein?«

»Selbstverständlich. Da haben Sie uns falsch verstanden.«

»Ja, das habe ich wohl. Ich bin froh, dass wir das Missverständnis aufklären konnten, Herr Schmidt.«

Hintergrund

1. Mit der Ermahnung, keine Chinesen vorzuschlagen, stellte der Geschäftsführer in letzter Minute die »Columbo-Anforderung«, eine Abwandlung der berühmten Columbo-Frage. Inspektor

Columbo aus der US-Krimiserie hatte die Angewohnheit, den ausschlaggebenden Teil seines Verhörs mit einer scheinbar harmlosen Frage an der Tür abzuschließen, als sei diese Frage nebensächlich und er habe sie beinahe vergessen. Eine psychologische Falle. Der – hier natürlich schuldige – Verdächtige steht unter dem Eindruck, das Verhör gut über die Runden gebracht zu haben. Er hat die Konzentration verloren und antwortet impulsiv. Spontane Erwiderungen sind meist ehrlich. Auch Headhunter bedienen sich gern sich der Columbo-Technik, nämlich das Wichtigste als Nebensache zu verkleiden.

2. Ein professioneller Personalberater respektiert die Wünsche des Kunden, ohne sich zu kompromittieren. Einen solchen Konflikt löst er, indem er die Beweggründe hinter lapidaren Aussagen durch geschickte Fragen und intensives Zuhören ergründet.

Kein seriöses Unternehmen diskriminiert bewusst. Mit unseriösen Auftraggebern haben wir fast nie zu tun, die Honorare sind hoch und die Zusammenarbeit mit einem Headhunter kann anstrengen. Und wenn trotzdem ein Verdacht auf Diskriminierung besteht, lehnt eine gute Personalberatung die Zusammenarbeit ab. Der Kandidat muss in ein einwandfreies Unternehmen vermittelt werden, sonst droht der Agentur langfristig der Absturz. Hinzu kommt: Arbeitgeber suchen händeringend nach guten Fachkräften und lassen sich von bewiesenen Fähigkeiten gern überzeugen.

3. Die Enttäuschung über eine Ablehnung verleitet manche Bewerber zu der Annahme, dass bei dem Auswahlverfahren diskriminiert wurde. Das mag auf der Oberfläche so erscheinen, entspricht aber absolut nicht meiner Erfahrung. Auch das Alter ist in Deutschland ein beliebtes Thema. So gegenwärtig ist es,

dass Kandidaten über sechzig, fünfzig und sogar schon über vierzig ihr Selbstvertrauen verlieren. Unnötig, denn in meinem gesamten Erfahrungsschatz gibt es nicht einen Fall, bei dem das Alter ein absolutes Ausschlusskriterium gewesen wäre.

Ein Unternehmen möchte keine Mitarbeiter*in* für diese Stelle? Das gibt es ab und zu, wird aber immer begründet. Arbeitgeber stellen sehr gern weibliche Mitarbeiter ein, jedenfalls in meiner Branche, dem Ingenieurswesen. Es geht selten um einen prinzipiellen Ausschluss. Haben Sie sich als Frau um eine Betriebsleiterstelle beworben, bei der vorausgesetzt wird, dass man hin und wieder in der Fabrik anpackt? Dann heben Sie von Anfang an hervor, dass Sie imstande sind, Rohlinge aus Gusseisen von A nach B zu schleppen, sollte das erforderlich sein. Wenn das nicht der Fall ist, dann bieten Sie eine gleichwertige Lösung an. Damit haben Sie die Gefahr, übergangen zu werden, im Keim erstickt. Gehen Sie nicht davon aus, dass man sich Ihre Eignung zusammenreimt, weil Sie sich ja sonst nicht beworben hätten. Täglich bewerben sich Menschen für Positionen, ohne auch nur ein einziges Kriterium zu erfüllen.

Alter, Geschlecht, Glaube und Nationalität werden gern öffentlich diskutiert, sind aber in der Praxis nebensächlich. Bedeutender ist ein tadelloser Werdegang. Fundierte berufliche Fähigkeiten, Kommunikationsstärke und charakterliche Reife widerlegen Vorurteile – auch dort, wo sie uns tatsächlich im Weg stehen.

Haben Sie Vertrauen in Ihre Gesellschaft! Die meisten Arbeitgeber Deutschlands sind absolut fair in ihren Einstellungspraktiken. Gegen die wenigen Ausnahmen schützt Sie der Gesetzgeber. Das deutsche »Allgemeine Gleichbehandlungsgesetz« verbietet die Benachteiligung von Personen aufgrund ihrer Rasse und ethnischen Herkunft, ihres Geschlechts, ihrer Religion und Weltanschauung, einer Behinderung, ihres Alters und ihrer sexuellen Identität (im weitesten Sinn, also einschließlich ihrer Selbstdefinition und sexuellen Orientierung). Falls Sie aufgrund dieser Merkmale diskriminiert werden, können Sie gerichtlich vorgehen. Aber Sie sollten sich vorher fragen: Möchte ich für ein solches Unternehmen arbeiten?

DIE RECHERCHEN

»Ich erinnere mich nicht mehr an den Namen ...«

Peter Weishaupt, 28,
Executive Search Researcher, Stuttgart

Kurz vor Beendigung meines BWL-Studiums erhielt ich über ein soziales Netzwerk eine Kontaktanfrage von einer Personalberatung. Es ging um eine Stelle als Researcher bei einem ihrer Kunden, einer führenden Executive-Search-Firma. Ich bat um mehr Informationen und erfuhr, dass es sich hierbei um eine unterstützende Funktion handelte, für die analytische Fähigkeiten und Menschenkenntnis wichtige Voraussetzungen waren. Es war von einem innovativen Unternehmen die Rede, man suchte einen Teamplayer mit Führungsqualitäten und versprach vielfältige Weiterbildungsperspektiven. Ich freute mich auf das Vorstellungsgespräch in meinem eigenen Wohnort. Wie sich herausstellte, hatte diese Personalberatung ihrerseits eine Personalberatung beauftragt; der Arbeitgeber selbst hatte seinen

Firmensitz in München. Das Interview mit der Personalberatung war nicht sehr aufschlussreich, aber ich ließ mich überzeugen, nach München zu reisen, um den mir angebotenen Termin mit der Executive-Search-Firma wahrzunehmen. Das dynamische Management-Team beeindruckte mich, die Position fand ich reizvoll und das Gesamtbild des Unternehmens gab mir die Hoffnung, dass dieser Einstieg eine tolle Chance für mich sein könnte.

Auf meine Frage, warum eine Personalberatung eine andere Personalberatung beauftrage, interne Mitarbeiter zu finden, erklärte man mir, dass gehobene Firmen in dieser Branche sich fast immer auf einen gewissen Industriezweig spezialisieren. Die Firma sei hauptsächlich für die chemische Industrie tätig; in eigener Sache zu recherchieren, sei kostenaufwendig und wenig effektiv. Aus diesem Grunde gäbe es »Rec-to-Rec«(Recruiter-to-Recruiter)-Personalberatungen. Eine davon hatte man beauftragt, in dieser Sache aktiv zu werden. Das leuchtete mir ein, beeindruckte mich sogar.

Nach wenigen Tagen schon erhielt ich die Zusage. Für meine Stelle als angehender Headhunter war ich sozusagen selbst gejagt worden.

Ich zog in die »Weltstadt mit Herz« und wurde an meinem ersten Arbeitstag meinen Kollegen vorgestellt. Ich war fünf Beratern zugeteilt, denen ich mit meinen Recherchen zur Seite stehen sollte. Obwohl mir keine konkrete Schulung angeboten wurde, wurde ich gründlich von einem On-the-Job-Coach eingewiesen. Anfangs entwickelte sich alles bestens. Die Recherchen, mit denen ich beauftragt wurde, liefen hauptsächlich über das Internet. Wir benutzten soziale und professionelle Netzwerke sowie öffentliches Pressematerial, um hochkarätige Persönlichkeiten aus der Industrie zu finden. Nach einem kurzen Vorgespräch endete mein Einsatz üblicherweise mit der Übergabe der Lebensläufe der von mir herausgesuchten Kandidaten an den zuständigen Berater.

Die Zusammenarbeit mit den Beratern erwies sich oft als schwierig, vor allem in Bezug auf die Arbeitseinteilung. Mit wessen Auftrag ich mich beschäftigen sollte, war nicht klar geregelt. Wer den größten Druck ausübte oder den meisten Charme aufbrachte, konnte deshalb in der Regel auf die besten Resultate von mir zählen. Eine effektivere Art, Prioritäten zu setzen, fiel mir aufgrund meiner geringen Berufserfahrung nicht ein; ich fühlte mich oft unwohl und stand ständig unter Druck. Die Zusammenarbeit wurde auch dadurch erschwert, dass ich von einigen Beratern nicht zu jedem Briefing eingeladen wurde und mich manchmal mit lückenhaften Informationen abfinden musste. Trotzdem leistete ich gute Arbeit. Man war mit mir zufrieden.

Nach etwa neun Monaten bei der Firma zirkulierten Gerüchte über die abnehmende Auftragslage, die sehr stark von den Entwicklungen im Weltmarkt abhängig war. Ein neuer Headhunter wurde eingestellt, der uns alle retten sollte. So wollte es die Gerüchteküche.

In der Tat erwies sich der neue Mann, ein fünfundvierzigjähriger knochiger, langbeiniger Engländer mit vielen Jahren Berufserfahrung, auch auf dem deutschen Markt als starker Business Developer. Er war von kühlem Temperament und schien sehr glaubwürdig zu sein, was die Kunden zweifelsohne beeindruckte. Andererseits war er ein egoistischer Mensch, sehr von sich überzeugt und mit wenig Ahnung von Menschenführung. Dennoch, muss ich einräumen, zog er einige lukrative Aufträge an Land. Einer davon kam von einem Kunststoffhersteller, der unter anderem die Automobilzuliefererindustrie mit Rohmaterialien belieferte und zwanzig Polymerentwickler für Festanstellungen suchte.

Und dann wurde es richtig schwierig für mich.

Bis zu diesem Zeitpunkt bestand meine Tätigkeit daraus, gezielt einen Kandidaten zu suchen, zum Beispiel für die Position eines technischen Abteilungsleiters oder eines hochrangigen Logistikmanagers. An die Daten solch genau definierter Experten heranzukommen, ist relativ leicht. Nun sollte ich Projektingenieure aus einem großen Pool von Arbeitnehmern heraussuchen und hatte keine Ahnung, wie das zu bewerkstelligen sei.

Es liegt in der Verantwortlichkeit des jeweiligen Beraters, dem Researcher bei der Erstellung der Zielgruppenliste zu helfen, die oft schon mit dem Kunden erarbeitet wird. In diesem Fall bellte mich der Berater lediglich an: »Sie kennen doch die Wettbewerber, klemmen Sie sich ans Telefon und sammeln Sie Namen.«

Das hört sich einfach an, ist es aber nicht. Keine Telefonzentrale eines Großkonzerns rückt einem Fremden gegenüber die Namen ihrer Fachkräfte heraus. Die Kriterien waren zu unscharf definiert und meine Bemühungen zum Scheitern verurteilt. Schon nach Stunden merkte ich, dass es aussichtslos war. Zu diesem Zeitpunkt wunderte ich mich zum ersten Mal ernsthaft darüber, dass meine Firma keine Anzeigen schaltete.

»Wir sind Headhunter, die Bearbeitung von zahlreichen Bewerbungen ist nicht unser Geschäftsmodell«, war die knappe Antwort auf meine zögerliche Fragestellung.

»Gut, aber warum können wir nicht auf Kandidaten aus Karriereportalen zurückgreifen, so wie andere Beratungen?«, beharrte ich uneinsichtig.

»Aus dem gleichen Grund. Die Bearbeitung von Bewerbungen klassischer Arbeitsuchender lenkt ab. Sie stehen bereits im Markt, sind in Gesprächen mit Arbeitgebern, die Absprungrate ist zu hoch, der Aufwand zu groß. Als Researcher müssen Sie sich eben etwas einfallen lassen«, polterte der Brite und drückte mir am nächsten Tag eine Anleitung zum »Name Gathering« aus den USA in die Hand.

Noch nie zuvor hatte ich auf »Storys« zurückgreifen müssen, denn meine Suche war immer relativ einfach gewesen. Ich schauderte bei dem Gedanken, eine Geschichte erfinden zu müssen, und genau das wurde nun von mir erwartet.

Eine »Story«, wie die deutschen Headhunter es nennen, wird im Amerikanischen »Gambit« genannt. Das steht für »Manöver« und ist genau das: Eine Überlegung, eine Art Schachzug, gemeinsam erdacht von den Beratern und Researchern, die damit an Namen gelangen wollen. Denn eine durchdachte »Ident«[2] ist das A und O des Headhunting. Sie kann so simpel ablaufen wie ein Messebesuch und das Sammeln von Visitenkarten, aber manchmal erfordert sie auch das Fabrizieren von Geschichten über Umfragen oder Studienmaterial. Dem Erfindungsgeist des Researchers sind keine Grenzen gesetzt.

In diesem Falle jedoch führten meine unbeholfenen Versuche jedes Mal in eine Sackgasse und ich geriet zunehmend unter Druck.

»Passen Sie mal auf«, sagte mein Vorgesetzter lapidar am zweiten Tag und drückte den Knopf der Freisprechanlage meines Apparats. Nach einem kurzen Blick auf meine Liste mit Telefonnummern der Zielfirmen wählte er eine beliebige an. Ohne sich zu setzen, wickelte der große Meister den kompletten Vorgang in weniger als fünf Minuten ab:

»Guten Tag. Verbinden Sie mich bitte mit Ihrem Lager.«

»Um was geht es denn?«

»Um den Status einer Lieferung.«

»Kleinen Moment bitte, da verbinde ich Sie am besten mit unserem Herrn Krause.«

Herr Krause antwortete.

»Guten Tag, wo bin ich denn jetzt gelandet?«, fragte der Engländer mit wichtig klingendem englischen Akzent und genau bemessener, gekünstelter Irritation in der Stimme.

»Sie sind bei Herrn Krause im Lager. Womit kann ich Ihnen helfen?«

»Ach, da bin ich wieder falsch. Ich wollte eigentlich in Ihre Projektabteilung für sicherheitsgewährleistende Polymertechnik für das Interieur von Autotüren.«

»Da sind Sie hier ganz falsch. Mit wem spreche ich denn bitte?«

»Ich bin Herr Smith von der Firma Sowieso[3].«

»Am besten, ich verbinde Sie mit unserer Zentrale.«

»Da komme ich doch gerade her, ich drehe mich im Kreis! Mein Problem ist: Ich erinnere mich nicht mehr an meinen Ansprechpartner, ich weiß nur, der Herr sprach fließend englisch mit mir und ist einer Ihrer Fachkräfte für Plastikmaterial zur Herstellung von Autotürseiten für die XYZ-Reihe. Werfen Sie doch mal einen Blick auf Ihre Nebenstellenliste und sagen Sie mir, wer in dieser Abteilung arbeitet. Wenn ich den Namen höre, fällt er mir auch wieder ein.«

»Also da kann ich Ihnen nicht helfen, Listen haben wir keine, das läuft alles über unser Intranet.«

»Umso besser, dann ist es übersichtlicher für Sie. Schauen Sie doch mal in Ihr Intranet für mich.«

»Moment, da kommt gerade mein Kollege. – Du, Sepp, weißt du, wer in der sicherheitskritischen Polymerabteilung fließend englisch spricht? Nein? Kannst du mal bei Frau Roth an den Tisch schauen, ob da ein Ausdruck unserer Telefonliste liegt … – Also, wen haben wir denn da? War es Herr Schulz?«

»Nein.«

»Oder Herr Schneider?«

»Nein, der auch nicht.«

»Oder Frau Schmidt?«

»Nein, hört sich auch nicht bekannt an ...«

Dem Laceristen war wohl entgangen, dass der fiktive Ansprechpartner meines Vorgesetzten ein Mann war, also ratterte er alle möglichen Namen herunter – sehr zu unserem Vorteil, nun hatten wir auch den Namen eines weiblichen Experten.

Der Engländer bohrte sich also mit erschreckendem Kalkül immer tiefer in die Firmenstruktur und forderte mich derweil mit kreisendem Zeigefinger zum Mitschreiben auf. Ich notierte eifrig die Namen eines jeden einzelnen Mitarbeiters der Türenabteilung. Der verzweifelnde Lagerangestellte schlug schließlich vor, das Gespräch an die Personalabteilung durchzustellen. Mein Kollege, der immer noch stand, lehnte ab, bedankte sich und legte auf.

Danach die Belehrung: »Vermeiden Sie unter allen Umständen Personalabteilungen, Sekretariate und Telefonzentralen. Alle klassischen Gatekeeper sind darauf gedrillt, vorsichtig mit Auskünften umzugehen. Wenden Sie sich immer an arglose, rangniedrige Mitarbeiter, die den Umgang mit Kunden gewohnt sind und Angst haben, Schwierigkeiten zu bekommen, wenn sie nicht hilfsbereit sind. Auch Support Desks der EDV-Abteilungen eignen sich hervorragend zum *Name Gathering*. Rufen Sie am besten zur Mittagszeit oder ganz früh morgens oder spät am Abend an. Da haben Sie die besten Chancen. Mitarbeiter sind abgelenkt oder werden von Teilzeitpersonal vertreten. Auch die Sicherheitsleute vom Nachtdienst haben Zugriff auf Namenslisten und reagieren weniger argwöhnisch.«

Auf diese Weise gelang es uns, acht von den zwanzig Stellen zu besetzen. Zwei Monate später reichte ich meine Kündigung ein. Für so eine Tätigkeit fühlte ich mich nicht geschaffen.

Da ich viel über das Rekrutieren gelernt hatte, bewarb ich mich als Personalsachbearbeiter in der Rekrutierungsabteilung eines Großkonzerns in meiner Heimatstadt. Aufgrund unseres Bekanntheitsgrads bekommen wir viele Initiativbewerbungen; aus deren Absendern wähle ich die meisten meiner Kandidaten aus.

Hintergrund

1. Peter hatte gehofft, von seinem Berater bei der Erstellung einer Zielgruppen-Liste unterstützt zu werden. Eine klassische Headhunting-Liste besteht aus:

- Namen von bereits bekannten Kandidaten aus dem Umfeld der angestrebten Neubesetzung
- Namen von Kandidaten, die einen gewissen Ruf genießen
- Namen von potenziellen Kandidaten, die mit dieser Zielgruppe in Verbindung stehen, also zum Beispiel Vorgesetzte der schon bekannten Kandidaten
- Namen von Firmen, die im direkten Wettbewerb mit dem Kundenunternehmen stehen
- Namen von Firmen aus verwandten Industrien
- Namen von Kundenfirmen des Auftraggebers und seiner Zulieferer. Um sensible Geschäftsbeziehungen des Kundenunternehmens und der Executive-Search-Firma zu schützen, gibt es die sogenannte Off-Limits-Regelung. Davon profitieren jene Firmen, die in einer engen Verbindung mit der Kundenfirma oder der Headhunting-Firma stehen. Dabei achten seriöse Executive-Search-Firmen insbesondere auf die selbst auferlegte Beschränkung hinsichtlich ihrer eigenen Kundenfirmen: Ihre Headhunter sprechen niemals einen Arbeitnehmer aus diesen Firmen an. Manche Konzerne vergeben daher regelmäßig Aufträge an diverse Beratungen und halten damit Headhunter von ihren Unternehmen fern.

2. Hat ein Headhunter einen Namen ermittelt, ist die direkte Ansprache offen und unkompliziert. Sollte der Kandidat kein Interesse zeigen, legt der Headhunter nicht auf, ohne zu fragen: »Wen kennen Sie?« Gute Headhunter fragen nie: »Kennen Sie jemanden?« Diese Fragestellung lädt zu einem reflexartigen »Nein« ein. Setzt die Frage jedoch bereits voraus, dass der Kandidat jemanden kennen *muss,* dann regt sie ihn zum Nachdenken an und erschwert so eine negative Antwort.

Wenn der Kandidat Interesse zeigt, stellt der Headhunter ein paar Vorabfragen und bittet um einen Lebenslauf. Es ist erstaunlich, wie viele passive Kandidaten, also Kandidaten, die nicht offen auf dem Markt sind, ihren Lebenslauf parat haben, und wie bereitwillig sie sind, ihn zuzusenden. Natürlich stößt man bei einer Suche auch oft auf einen Arbeitnehmer, der tatsächlich schon aktiv sucht. Auch solche werden dann in das Auswahlverfahren aufgenommen. Um seine Wechselmotivation und wie weit fortgeschritten er mit seinen Aktivitäten ist, kümmert sich der Berater.

Für einen Gambit tätigt man oftmals mehrere Anrufe. Ein Gambit nach amerikanischem Vorbild wäre zum Beispiel, sich als Feuerwehrmann auszugeben: Es stünde eine Inspektion an und man benötige Informationen über die diversen Abteilungen. Wie viele Abteilungen gebe es, wie viele Mitarbeiter insgesamt? Wie viele davon im Zeichenbüro, Lager, der Qualitätsabteilung etc.? Wen könne man als den verantwortlichsten Mitarbeiter ansehen? Man befragt die Person so lange, bis man nicht mehr weiterkommt. Dann ruft man bei der nächsten Firma an und einige Zeit später verwendet man die Informationen des ersten Auskunftsgebers im Gespräch mit einem neuen Ansprechpartner, mit direktem Bezug auf die Information, die man schon erkundet hat. Mit jedem Anruf rückt man näher ans Ziel.

Ein weiterer amerikanischer Gambit könnte so ablaufen: Man hat inzwischen einen Namen und sucht einen weiteren in dem

Unternehmen, weil dieser Kandidat für den Auftrag nicht infrage kommt. Man gibt sich als Paketbote aus und erkundigt sich, wer in unmittelbarer Nähe dieses Mitarbeiters sitzt, damit diese Bestellung in zuverlässige Hände gelangt.

Oder man gibt vor, man sei von der Presse und suche Mitarbeiter aus diesem Berufsfeld für ein wichtiges Interview.

Die Erfolgsrate bei solchen Storys ist nicht hoch. Der Researcher muss also sehr viele Anläufe nehmen, um ans Ziel zu kommen. Doch hin und wieder gelingt es ihm, an komplette Organogramme oder Telefonlisten mit Abteilungszugehörigkeit heranzukommen. Bei der Direktansprache gibt der Headhunter dann natürlich nicht an, er habe die Firmenstruktur des Unternehmens vorliegen, sondern sagt nach einer kurzen Einleitung: »Auf meiner Suche bin ich auf Sie aufmerksam geworden ...« Fast jeder Angesprochene fühlt sich geschmeichelt oder denkt in diesem Augenblick nicht daran, nachzuforschen, wie man auf ihn »aufmerksam« geworden sei.

Weitere beliebte Gambits sind:
- Einladungen zu Seminaren oder Bällen
- Man beginnt mit »Ich erinnere mich nicht mehr an den Namen« und beschreibt die Tätigkeit der Zielperson.
- Fiktiver Ehrenpreis für einen Kandidaten mit großem Know-how auf dem Fachgebiet der Zielperson

3. Nicht alle Headhunter benutzen Gambits. Grundsätzlich gilt: Je durchsetzungsfähiger und erfahrener der Headhunter ist, desto seltener greift er auf Storys zurück. Vielmehr arbeitet er sich systematisch von Hinweis zu Hinweis durch und gibt bei seiner Fragestellung so wenige Erklärungen wie möglich ab.

Hat er tatsächlich noch keinen einzigen Ansatzpunkt, was für eine etablierte Personalberatung außergewöhnlich wäre, würde ein erfahrener Researcher sich bewusst einer raffinierten Fragestellungstechnik bedienen, statt eine Geschichte zu erfinden. Zum Beispiel so:

- 🖎 Die Fragestellung ist »geschlossen« konstruiert, sodass sie nur einsilbig – etwa mit Ja oder Nein – beantwortet werden kann: »Ist Frau Hinze Ihre Expertin für Polymertechnik?«

- 🖎 Offene Fragen wiederum, korrekt gestellt, geben Aufschluss über das Wie, Was oder Warum: »Was macht Frau Hinze zu einer angesehenen Polymerexpertin in Ihrem Haus?«

- 🖎 Headhunter müssen sich vor »führenden« Fragen hüten, weil sie Informationen verfälschen, benutzen sie aber bewusst, wenn sie damit einen bestimmten Zweck verfolgen: »Herr Kunze ist wohl einer der erfahrensten Mitarbeiter in Ihrer Fahrzeugpolymer-Abteilung, nicht wahr?« Erhoffte Antwort: »Ja, und Frau Hinze ebenso« oder »Frau Hinze ist eigentlich unsere Expertin für Automobilpolymere!«.

- 🖎 Zielgerichtete Fragen sind das A und O der Arbeit eines jeden Researchers: »Wann genau können Sie mir Informationen hierzu geben? Wen werden Sie befragen?«

- 🖎 Die »anweisende« Frage geht einen Schritt weiter. Sie ist eine Art Ablenkungsmanöver: »Bevor Sie mich mit Frau Krüger verbinden, sagen Sie mir noch schnell …«

- 🖎 Mit der nächsten Fragestellung minimiert der Researcher zum Schein sein Anliegen und spricht gleichzeitig eine implizierte Drohung aus: »Wer außer Ihrem Chef kann mir diese Information geben? Den wollen wir doch wirklich nicht mit so etwas nerven.«

- 🖎 Eine Variante davon ist es, Zeitdruck oder Mitleid zu erzeugen. Dabei bleibt der Fragende im weitesten Sinne bei der Wahrheit, indem er das Problem nicht näher beschreibt: »Es ist wirklich dringend. Ich bin in einer Krise mit meinem Projekt, das jetzt an diesem Punkt festhängt.«

Eine weitere Technik ist, ganz offen nachzuforschen und auf diese Weise Namen zu sammeln: »Herr Kunze ist also derzeit im Ausland. Ist er der einzige Mitarbeiter, der sich mit Polymertechnik befasst? Wer hilft denn aus, wenn es dringend ist? Hat er einen vertrauten Mitarbeiter aus der zweiten Reihe?« Je besser der Researcher das Zurückhalten von aufklärenden Informationen beherrscht, desto mehr bleibt er im Grunde bei der Wahrheit. Schließlich kontrolliert er lediglich durch direkte Fragestellung den Gesprächsablauf, auch ganz ohne erfundene Geschichten. Ist er allerdings nicht durchsetzungsfähig und gibt sich unsicher, landet er sehr schnell auf dem Glatteis. Tonfall und gutes Zuhören sind ausschlaggebend.

»Danke, dass Sie nichts verraten haben!«

Annette Kinnear, 50,
Personalberaterin

Industriemessen gehören zu den ergiebigsten Jagdgründen eines Headhunters. Insbesondere sind wir dabei auf der Pirsch nach tüchtigen Verkaufstalenten, Anwendungsingenieuren und Servicemitarbeitern. Auf jeder Messe der Welt sind Headhunter unterwegs – auch im Messeparadies Deutschland.

In Südafrika gibt es im Vergleich nur wenige Ausstellungen. Eine davon ist die legendäre Elektra Mining Show. Sie lockt alle zwei Jahre Firmen aus aller Welt an, die mit Stolz und Elan ihre Bergbaumaschinen anbieten. Früher war diese Messe auch dafür berüchtigt, dass es abends rundging. Die Einkäufer für die meist abgelegenen Gruben des Landes stürzten sich gern in den ungewohnten Großstadttrubel und ließen sich in Egoli, der Stadt des Goldes, abends von ihren Zulieferern ausführen. Die meisten kamen ohne ihre Ehefrauen und hauten jeden Abend so richtig auf den Putz. Um die Kunden in Stimmung zu bringen, waren zu jener Zeit auch an vielen deutschen Ständen attraktive junge Hostessen angestellt, die Leckereien anboten und deren körperliche Ausstattung Aufschluss darüber gab, welch verlockende Köstlichkeiten die nach exotischer Unterhaltung gierenden männlichen Kunden noch erwarteten. Heute ist das eher verpönt.

Noch sehr jung und damals eher schüchtern, schüttelte ich das Unbehagen am ganzen Drum und Dran dieser Messe dadurch ab, dass ich mich übereifrig dem Knüpfen und der Pflege von Kontakten zuwandte. Wenn sich mir eine Gruppe von angeheiterten Minenbossen näherte, sah ich immer beschämt zu Boden.

An diesem gewissen Tag war ich gerade sogar direkt angepöbelt worden und hielt daher zielstrebig und mit ernster Miene auf einen Stand zu. Diese Firma, ein mittelständisches deutsches Unternehmen, verkaufte mit Erfolg Schlammabzugsmaschinen und die damit verbundene Vakuumtechnik an die südafrikanische Bergbauindustrie. Ihr Stand kam mir als Zufluchtsort wie gerufen und ich stürzte mich erleichtert auf den ersten besten Mitarbeiter. Dabei handelte es sich ausgerechnet um den hiesigen Geschäftsführer der Firma, einen Deutschen. Ich stellte mich vor und er zeigte sofort Interesse an unserer Dienstleistung.

Es ist nicht immer leicht für Headhunter, an einem Messestand ins Gespräch zu kommen. Man wird üblicherweise immer freundlich empfangen, bis man den Zweck seines Besuches offenbart. Dabei muss man eine blitzschnelle Entscheidung getroffen haben, welche Taktik man wählt: Bietet man Kandidaten an oder versucht man, Kandidaten zu gewinnen? In jedem Fall ist die erste Reaktion darauf fast immer Enttäuschung darüber, dass es sich nicht um einen Kunden handelt. An Tagen, an denen sehr viele meiner Mitbewerber auf der Messe herumspazieren, reagieren manche potenziellen Kandidaten schon genervt und die Chefs fühlen sich nicht selten bedroht. In diesem Falle war es anders. Der Geschäftsführer freute sich darüber, eine deutsch sprechende Personalberaterin kennenzulernen, und lud mich sogleich hinter die Kulissen ein, um sich mit mir über eine Zusammenarbeit auszutauschen.

Wir waren fast fertig, schon im Stehen und tauschten Visitenkarten aus, als ein junger Mann den Stand betrat. »Ah, da kommt Werner Badenhorst, mit dem mache ich Sie gleich mal bekannt. Er wird auf jeden Fall bei den Vorstellungsgesprächen dabei sein. Er ist unser Starverkäufer und zu seiner Entlastung suchen wir einen fähigen Kollegen, denn Werner soll sich in Zukunft mehr auf die Großkunden konzentrieren.«

Werner Badenhorst, rot angelaufen, stand völlig verwirrt und wie gelähmt vor uns. Ich streckte meine Hand aus. »Nett, Sie kennenzulernen, Herr Badenhorst.«

»Das ist Annette Kinnear, eine Personalberaterin. Sie wird uns dabei helfen, einen neuen Verkäufer zu finden«, verkündete der sympathische Geschäftsführer in konspirativem Ton. »Ich habe sie gerade beauftragt, einen Kollegen für Sie zu finden. Genauso jemanden wie Sie! Ich habe ihr bereits erzählt, welch gute Arbeit Sie leisten.«

Werner Badenhorst, nicht mehr rot angelaufen, sondern inzwischen erbleicht, aber nach wie vor erstarrt, rührte sich nicht, kein Ton kam über seine Lippen. Jetzt stell dich halt nicht so blöd an, grollte ich innerlich, ich verrate doch nichts!

Denn Werner Badenhorst, ein Maschinenbautechniker mit drei Jahren Verkaufserfahrung war … einer meiner Kandidaten. Jetzt fiel es mir wieder ein. Klar, Werner arbeitete ja bei dieser Bergbaumaschinenfirma. Gerade mal eine Woche war es her, dass wir uns über seine Karriereziele unterhalten hatten, und er befand sich bereits in einem Gespräch mit einem meiner Kunden.

Endlich begriff er, nahm meine Hand und spielte mit. Was sollte ich machen? Was sollte er machen? Wir mussten da durch. Nach etwas Small Talk verabschiedete ich mich und nahm den nächsten Stand in Angriff.

Zurück im Büro, erhielt ich kurz darauf seinen Anruf.

»Danke, dass Sie nichts verraten haben!«

Ich schwankte zwischen Mitleid und Entrüstung. Mein Ton war entsprechend verwundert. »Aber Werner, das ist doch selbstverständlich. Haben Sie wirklich gedacht, ich würde Ihre Bewerbung nicht vertraulich behandeln?«

»Doch schon, aber das ging mir nun doch etwas unter die Haut.«

»Das kann ich verstehen. Ihr Chef scheint sympathisch und hält große Stücke auf Sie. Bald bekommen Sie ja auch einen Kollegen zur Entlastung und steigen auf. Möchten Sie einen Wechsel noch mal überdenken?«

Der Bewerber lehnte ab und erläuterte abermals seine Wechselmotivation, die mir einleuchtete. Ich riet ihm trotzdem, doch erst einmal ein Gespräch mit seinem Chef zu führen. Nicht nur aus moralischen Gründen. Wenn ein Mitarbeiter derart geschätzt wird, ziehen Arbeitgeber oft überraschend attraktive Gegenangebote aus dem Hut, was zur Folge hat, dass der Bewerber die Kündigung zurückzieht und vom Vertrag zurücktritt. Ich bot sogar an, bestimmte Probleme mit ihm in einem Rollenspiel durchzugehen, aber Werner bestand darauf, seine Arbeitsstelle zu wechseln. »Werden Sie mich denn weiterhin betreuen?«

»Aber selbstverständlich, wenn Sie es wünschen. Warum denn nicht?«

»Na ja, der Interessenskonflikt? Werden Sie denn auch weiter versuchen, Kandidaten für uns zu finden?«

»Werner, ich werbe Sie nicht ab. Sie haben sich bei mir auf eine Anzeige gemeldet. Es ist meine Pflicht, Sie dafür in Betracht zu ziehen, wenn Sie geeignet sind und die Stelle anstreben, das ist sogar gesetzlich festgelegt. Ich darf keinen Bewerber ablehnen, nur weil ich eine Geschäftsbeziehung mit seinem Arbeitgeber unterhalte. Aktiv abwerben würde ich selbstverständlich niemanden aus dem Unternehmen Ihres Arbeitgebers. Und Ihrer Firma kann ich auch dienen, indem ich ihr geeignete Mitarbeiter zur Verfügung stelle. Haben Sie damit ein Problem?«

»Nein, eigentlich nicht. Solange wir das Ganze getrennt betrachten.«

»Glauben Sie mir, ich habe mehr als einen Kunden, für den ich gleichzeitig Bewerber suche und mich um seine persönliche Vermittlung kümmere. Vom Abteilungsleiter bis zum Geschäftsführer.«

Wie ich fast erwartet hatte, wechselte dieser Bewerber am Ende doch nicht die Stelle.

Es ist nicht einfach, mit überängstlichen Kandidaten erfolgreich zusammenzuarbeiten. Das Drama ist fast unausweichlich. Wie in dem folgenden Fall, der sich ungefähr ein Jahr davor abgespielt hatte.

Eine Konstrukteurin für Spritzgussformenbau arbeitete für ein Unternehmen, das zu meinen Kunden gehörte. Sie bewarb sich um eine öffentlich ausgeschriebene Stelle, passte und bekam den Job. In ihrem Kündigungsgespräch verlor sie die Nerven und behauptete, sie hätte nicht gesucht, sondern wäre von mir angesprochen worden. Das Angebot sei zu verlockend gewesen, um es ausschlagen zu können.

Bei diesem Satz stehen mir jedes Mal die Haare zu Berge. Er steht immer in Verbindung mit irgendeiner Ausrede. Wer ist hier der Entscheider, frage ich mich dann – das Angebot oder der Mensch? Über etwas mehr Selbstehrlichkeit und Standfestigkeit würde ich mich in solchen Fällen sehr freuen. An beiden Qualitäten mangelte es dieser Bewerberin.

Es gab ein Riesentheater, der Chef beschwerte sich bei meiner Chefin, deren Schlichtungsversuch scheiterte, was untypisch für sie war. Typisch für sie war allerdings, und ist es noch, dass sie die Belange der Kandidaten und Kunden stets an erste Stelle setzt. Deshalb bat sie mich, den Kampf um den Beweis meiner Unschuld gar nicht erst anzutreten – zugunsten der Bewerberin. Hinzu kam damals, dass ich zwar die Stellenanzeige vorlegen konnte, es aber keinen Schriftverkehr gab. Zu der Zeit wurde alles telefonisch und persönlich abgewickelt.

Der Chance auf Gerechtigkeit beraubt und von einer beträchtlichen Unreife gezeichnet, war ich entsprechend niedergeschlagen. Inzwischen habe ich das natürlich überwunden. Wir arbeiten in einer heiklen Branche und müssen sehr vorsichtig mit Gefühlen und menschlichen Schwächen umgehen. Unsere eigenen Bedürfnisse sollten wir zurückstecken, wenn die Umstände es erfordern.

Hintergrund

1. Beiden Seiten muss Diskretion gewährt werden. Ein sehr extrovertierter Personalberater gewinnt oft durch seine Fähigkeit zu netzwerken, aber ein ausgeprägtes Mitteilungsbedürfnis kann ihm auch zum Verhängnis werden. Nicht selten genießt der Headhunter das volle Vertrauen der Führungsspitze eines Unternehmens und ist in ihre Pläne, ihre Personalpolitik und die Zukunftsaussichten eingeweiht. Wenn er sehr spezialisiert ist, bekommt er gleichzeitig zu Ohren, wie sich die Firma aus der Sicht verschiedener Bewerber entwickelt. Ein unachtsamer

Moment und schon ist es passiert. Zu sagen, man kenne den Chef, ist im Headhunting bereits eine Todsünde.

Diskretion wird so ernst genommen, dass man bei einer großen Beratung, die auf eine bestimmte Branche spezialisiert ist, Kandidaten nie im Foyer oder an der Rezeption warten lässt. Sie werden vom Empfangspersonal sofort in ein Besprechungszimmer geführt. Zu groß ist die Gefahr, dass die Wege von Kollegen oder Geschäftspartnern sich im Foyer einer Search-Firma kreuzen.

2. Schon immer wurde heiß diskutiert, inwieweit eine Direktansprache die Grenzen der Moral überschreitet. Entscheidend ist dabei das *Wie*. Zwei Grundsätze kennzeichnen ein ethisch vertretbares Vorgehen.

Der erste Grundsatz betrifft die Kandidatenauswahl. Niemals wird ein Mitarbeiter einer Kundenfirma abgeworben. Deshalb teilen manche Executive-Search-Firmen Unternehmen aus ihrer Zielbranche ganz offiziell in Kundenfirmen und Quellenfirmen auf. Nehmen wir an, eine Personalberatung spezialisiert sich auf die Vermittlung von Brauereifachkräften im Allgäu und die Reichweite der Branche dieser Beratungsfirma ist regional begrenzt. Nehmen wir ferner an, es gibt dreißig Brauereien in der Umgebung. Sie kann also nicht für alle dreißig Auftraggeber tätig werden. Wo fände sie sonst die Kandidaten, wenn der Kunde auf Bierexperten aus der Region besteht? Aus diesem Grund würde so eine Executive-Search-Firma dann unter Umständen einen Auftrag von einer neuen Brauerei, die als Quellenfirma verzeichnet ist, ablehnen. Das Brauereibeispiel ist fiktiv, aber diese Vorgehensweise ist zum Beispiel im spezialisierten Finanzwesen sehr verbreitet.

Der zweite Grundsatz bestimmt die Gestaltung der Ansprache. Aus Erfahrung wissen wir, dass Kandidaten, die sich ansprechen lassen, nie absolut zufriedene Mitarbeiter sind. Wenn ein Kandidat nur aus finanziellen Gründen an einen Wechsel denkt, ist er für den Abschluss sehr riskant: Zu wahrscheinlich ist ein abermaliger Seitenwechsel durch ein Gegenangebot. Deshalb arbeiten Headhunter von vornherein ungern mit solchen Kandidaten und ergründen die Wechselmotivation sehr genau.

Die echte Wechselmotivation ist ein Prozess, der sich über einen Zeitraum von zwölf bis achtzehn Monaten entwickelt. Er gleicht dem aus der Paarpsychologie bekannten Imago-Prinzip. Wenn die »romantische« Phase mit einem Arbeitgeber in die Machtphase übergeht, ergeben sich daraus vorerst zwei Möglichkeiten: Der Arbeitnehmer löst seine Probleme oder er nimmt sie hin. Im ersten Fall festigt sich die Loyalität, denn der Mitarbeiter findet Wege, sich Gehör zu verschaffen. Im zweiten Fall wächst die Unzufriedenheit mit der Zeit. Der Kandidat beginnt, darüber nachzudenken, wie es wäre, die Stelle zu wechseln. Er sucht »passiv«, das heißt, er würde mit Interesse zuhören, wenn sich eine Gelegenheit ergäbe, unternimmt aber keine aktiven Schritte, um einen Wechsel in die Wege zu leiten, und ist sich seiner Absicht eventuell noch gar nicht voll bewusst. Fachkräfte, die sich in dieser passiven Phase befinden, sind am empfänglichsten für die Direktansprache durch einen Headhunter. Er kommt damit dem aktiven Bemühen nach einem Arbeitsplatz um einige Monate zuvor. Spricht er die Zielperson zu früh an, also noch in der romantischen Phase, wird sie nicht wechseln wollen. Spricht er sie an, wenn sie erfolgreich durch die Machtphase gegangen ist, wird er erst recht keinen Erfolg haben. Glückliche Arbeitnehmer wechseln nicht.

Erwischt der Headhunter den Arbeitnehmer allerdings in der Phase, in der er schon sehr aktiv nach einer neuen Stelle sucht, dann hat er es mit einem Arbeitssuchenden, einem Bewerber zu tun. Je weiter fortgeschritten dessen Engagement ist, desto unattraktiver wird er für den Headhunter.

3. Wie können Sie sich als Arbeitgeber vor Headhuntern schützen?

✎ Der beste Schutz sind glückliche Mitarbeiter. Wenn Headhunter regelmäßig abblitzen, weil die Belegschaft überdurchschnittlich zufrieden ist, spricht sich das herum und sie wählen einen effektiveren Weg, ans Ziel zu kommen.

✎ Bemühen Sie sich, das Vertrauen Ihrer Fachkräfte zu erlangen, damit sie sich ohne Angst mit Ihnen austauschen können, wenn sie ein berufliches Problem haben.

✎ Vertiefen Sie dieses Vertrauen, sodass Ihre Leute offen mit Ihnen sprechen, wenn sie von einem Headhunter kontaktiert worden sind. Rufen Sie dann in dieser Personalberatung an und beschweren Sie sich. Sprechen Sie mit dem Vorgesetzten, oder noch besser, sprechen Sie mit dem Headhunter persönlich. Bestehen Sie darauf, dass Ihre Firma von der Quellenliste genommen wird. Sagen Sie dem Berater, Ihre Mitarbeiter hätten ein enges Verhältnis zu ihren Vorgesetzten und würden bei jedem Ansatz nicht nur ablehnen, sondern auch in der Firma bekannt machen, angesprochen worden zu sein. Damit macht sich der Headhunter lächerlich, es verstößt gegen seine Ehre. Rufen Sie bei jedem neuen Verstoß abermals an, machen Sie Wirbel. Ich versichere Ihnen, nach ein oder zwei solchen Konfrontationen wird es dem Headhunter zu anstrengend, Ihre Firma als Zielfirma anzupeilen.

✎ Meine Recherchen zu den Wünschen von Arbeitnehmern an ihre Vorgesetzten haben ergeben, dass bei fast jedem Befragten die zwischenmenschliche Beziehung die wesentlichste Rolle spielte. Die meisten nannten »Respekt« als Wunsch Nummer eins. Auch das gibt Aufschlüsse darüber, was einem Headhunter den Wind aus den Segeln nimmt.

»Können Sie gerade frei sprechen?«

Marianne Walters, 37,
Personalberaterin, Hamburg

»Headhunter überfluten meinen Posteingang mit Angeboten!«, klagt mein Kandidat. »Haben Sie denn mein Profil veröffentlicht?«

»Natürlich nicht, es muss sich um einen Zufall handeln«, verteidige ich mich bestürzt gegen seinen Verdacht. Ich bin seit sieben Jahren in der Personalberatung tätig, zwei davon in England. In Deutschland ist es nicht das erste Mal, dass ich das höre. In England schien sich niemand daran zu stören, auf potenzielle Stellenangebote hingewiesen zu werden.

»Wer hat Sie denn angeschrieben?«

»Ich bekomme alle möglichen Angebote.«

»Schicken Sie mir doch einmal eines davon.«

Der Kandidat übermittelt mir folgenden Wortlaut:

Reizvolle Stellenangebote für Bauingenieure!

Sehr geehrte Damen und Herren,

aufgrund unseres weitreichenden Kundenkreises in der Baubranche sind wir stets auf der Suche nach kompetenten Fachkräften für Auslandseinsätze. Ihre Hinweise könnten einem Ihrer beruflichen Kontakte den Einstieg in eine Festanstellung in eines unserer seriösen Kundenunternehmen ermöglichen. Die Aufgaben reichen von der konstruktiven Abwicklung von Großprojekten bis hin zur Baustellenleitung in exotischen Ländern zu deutschen Einstellungskonditionen und Vergütung.

Unsere langjährige Erfahrung in der Vermittlung von Bauingenieuren und unsere daraus resultierenden engen Kundenbeziehungen ermöglichen uns eine große Palette an Angeboten sowie erfahrungsgeprägte Hilfestellung bei Umzug und Integration in das Einsatzland. Bei der Abwicklung unserer Aufträge werden wir von Arbeitnehmern und Arbeitgebern immer wieder ausdrücklich für unsere rücksichtsvolle Handhabung und persönliche Anteilnahme gelobt.

Ihre vertraulichen Empfehlungen erwarten wir mit Spannung und versichern Ihnen absolute Diskretion in Bezug auf die uns zugesandten Informationen.

Wir freuen uns auf Ihre Kontaktaufnahme mit Frau XXX.
Tel.: … E-Mail: …

> *Mit freundlichen Grüßen*
> *XXX Search Group*

Geduldig erkläre ich meinem Kandidaten: »Hierbei handelt es sich um ein sogenanntes Spray-and-Pray-Angebot und das ist noch dazu ›verdeckt‹. ›Verdeckt‹ heißt, der Berater hofft, auch die angeschriebene Person dafür zu interessieren, kleidet aber sein Anschreiben in eine Bitte um Hinweise. So versucht er sich vor aufgebrachten Arbeitgebern zu schützen, die dagegen protestieren, dass ihre Mitarbeiter über ihren Firmenserver angeschrieben werden. Diese Anfragen beziehen sich nicht auf die persönlichen Fähigkeiten einer Zielperson, sondern sind Massenaktionen, wahrscheinlich über einen Berufsverbund oder Konferenzteilnehmerlisten. ›Spray and Pray‹ heißt so viel wie ›Versprühen und Beten‹. Man spricht so viele Kandidaten wie möglich an und hofft auf eine Rücklaufquote von etwa zwei Prozent.«

»Das lohnt sich?«

»Es kann sehr einträglich sein, wenn man, wie bei unserer Beratung, ein Durchschnittshonorar von zwanzigtausend Euro pro Vermittlung in Betracht zieht.«

»Ist es denn erlaubt?«

»E-Mail-Werbung ist nur dann erlaubt, wenn schon eine Geschäftsbeziehung zur angeschriebenen Person besteht oder man die Erlaubnis hat – also zum Beispiel, weil der Empfänger damit einverstanden ist, auf der Verteilerliste der Beratung zu stehen – und ein Bezug zum Thema besteht.«

»Na ja, kann sein, dass ich mal mit dieser Headhunting-Firma in Kontakt war.«

»Das ist kein klassisches Headhunting. Ein traditioneller Personalberater führt immer ein telefonisches, individuelles Gespräch mit einer bereits ausgesuchten Zielperson.«

»Wie soll ich darauf reagieren?«

»Sie können die Anfrage ignorieren oder verlangen, dass man Sie vom Verteiler nimmt. Sie können auch rechtlich vorgehen, angefangen mit einer Verwarnung.«

*

Wenn ich jemanden anspreche, läuft das nach diesem Muster ab:

»Guten Tag, Herr Hartmann. Können Sie gerade frei sprechen?«

»Ja, warum?«

»Ich rufe Sie von der Firma XYZ Search an. Wir sind spezialisiert auf die Vermittlung von Fachkräften aus der Baubranche. Momentan arbeite ich an einem Auftrag für einen Projektingenieur im Bereich Straßenbau. Auf der Suche nach einem geeigneten Mitarbeiter für meinen Kunden bin ich auf Ihren Namen gestoßen. Ist jetzt ein guter Augenblick, Ihnen mehr darüber zu erzählen?«

»Eigentlich bin ich nicht interessiert, aber schön, rufen Sie mich am besten heute Abend ab 20 Uhr an.«

»Gern. Geben Sie mir bitte Ihre Privatnummer und am besten auch gleich Ihre Handynummer und Ihre private E-Mail-Adresse.«

Am Abend wird das Gespräch fortgesetzt, angefangen mit etwas Small Talk, zum Beispiel darüber, wer im Haushalt das Gespräch entgegengenommen hat. Ich versuche sofort, eine Verbindung zum Alltag des Kandidaten herzustellen, und Hinweise auf mögliche Mitentscheider werden auf der Stelle verwertet – Partner, zwei Kinder, die noch im Haus leben, bellende Hunde. Haustiere spielen bei berufsbedingten Ortswechseln tatsächlich eine entscheidende Rolle. Ich notiere mir die Umstände und wenn es so weit ist, werde ich ganz konkret danach fragen, wie es sich bei einem Umzug mit Bello und Struppi verhält. Haustiere haben sich schon mehrmals in der allerletzten Minute als unerwartete »Dealbreaker« entpuppt.

»Ich hatte Sie heute Nachmittag angesprochen, da ich, wie gesagt, auf der Suche nach einem Projektingenieur bin, der Erfahrung im Bereich Straßenbau hat.«

»Woher haben Sie meinen Namen?«

»Ich bin während meiner Recherchen auf Sie gestoßen. Wie lange sind Sie denn schon bei der Firma XYZ?«

»Im August werden es vier Jahre.«

»Herr Hartmann, wo haben Sie zuvor gearbeitet?«

»Ich habe diese Stelle gleich nach dem Studium bekommen.«

»Was macht Ihnen am meisten Spaß an Ihrer Arbeit?«

»Die abwechslungsreichen Projekte. Außerdem habe ich einen verständnisvollen Chef und nette Kollegen.«

»Was fordert Sie denn am meisten heraus?«

»So vom Tagesablauf her? Nichts. Ich würde mich schon gern weiterentwickeln, mehr Personalverantwortung übernehmen oder etwas mehr von der Welt sehen.«

»Haben Sie mit Ihrem Vorgesetzten darüber gesprochen?«

»Ja, man unterstützt meine Pläne, aber es gibt momentan keine Position, die mir das ermöglichen würde.«

»Haben Sie denn in letzter Zeit mal über einen Wechsel nachgedacht?«

»Hin und wieder schon. Man will eben vorwärtskommen.«

»Herr Hartmann, ich habe bisher noch nicht sehr viel über Ihren Werdegang und Ihre Karrierewünsche in Erfahrung bringen können, aber wenn Ihnen heute jemand eine Position anbieten könnte, die Sie beruflich weiterbringen würde, wären Sie dann an einem vertraulichen Gespräch interessiert?«

»Anschauen kostet ja nichts.«

»Das denke ich auch. Am besten, ich erzähle Ihnen ein wenig über diese Aufgabe?«

»Ja, bitte.«

»Es handelt sich bei meinem Kunden um ein Bauunternehmen, das mehrere Großaufträge für den Bau von Straßen auf den Philippinen und in diversen anderen asiatischen Ländern bekommen hat. Für diese Expansionsphase sucht mein Kunde Mitarbeiter mit Erfahrung im Bau von Landstraßen.«

»Aha.«

»Wie ist denn Ihre Einstellung zu Auslandseinsätzen?«

»Das fände ich reizvoll. Wie sieht es denn mit den deutschen Sozialabgaben aus?«

»Es handelt sich hierbei um einen Vertrag mit einem deutschen Unternehmen. Sie würden nach wie vor in Deutschland angestellt sein und zusätzlich bekämen Sie eine Lokalvergütung.«

»Klingt interessant.«

»Herr Hartmann, wäre es Ihnen möglich, mir einen aktuellen Lebenslauf zukommen zu lassen?«

»Ja, gern, ich mache das im Laufe der Woche. Wer ist denn Ihr Kunde?«

»Ihr Lebenslauf geht nur an mich, ich werde ihn nicht weiterleiten, ohne vorher mit Ihnen Rücksprache zu halten, und alle Informationen werden vertraulich behandelt. Nachdem ich Ihren Lebenslauf gelesen habe, melde ich mich noch mal und wir vereinbaren einen Termin, bei dem wir alles Weitere erörtern können.«

So entstehen die meisten meiner rund fünfzig Vermittlungen pro Jahr.

Hintergrund

1. Der berühmte Headhunter-Satz »Können Sie gerade frei sprechen?« steht tatsächlich am Beginn jedes Gesprächs mit einem möglichen Kandidaten. Das bietet dem Kandidaten die Möglichkeit, das Gespräch schnell zu beenden. Dabei geht es weniger um einen ungünstigen Zeitpunkt, was seine Termine betrifft, sondern darum, dass er in Bedrängnis käme, sollte ein Kollege neben ihm stehen oder er über seine Freisprechanlage sprechen und zum Beispiel neben seinem Chef im Auto sitzen. Weist man hier nicht genügend Respekt und Sensibilität auf, hat man schon verloren, bevor man überhaupt angefangen hat.

2. Den Wunsch, abends angerufen zu werden, äußern achtzig Prozent aller Kandidaten, die sich auf ein Gespräch einlassen, und ein guter Headhunter ist buchstäblich vierundzwanzig Stunden am Tag in Bereitschaft, auch an Wochenenden. Personalberater, die ihre Sache ernst nehmen, haben lange Arbeitstage. Tagsüber müssen sie für Kunden zur Verfügung stehen, abends für Kandidaten – und zwischendrin kämpfen sie mit Unmengen von Papieren und Terminen.

3. Die Frage nach Kontaktdaten wie Handynummer oder E-Mail-Adresse wird immer gestellt. Es ist wichtig, aus jeder Gesprächsgelegenheit so viele Informationen wie möglich zu schöpfen. Das »Untertauchen« von Kandidaten ist ein großes Problem in unserer Branche. Deshalb wird das Eisen geschmiedet, solange es heiß ist.

4. Beachten Sie, wie die Headhunterin bei drei Gelegenheiten die sogenannte Polizeitechnik benutzt, um die Fragen des Kandidaten in diesem Stadium zu umgehen. Achten Sie bei der nächsten Nachrichtenreportage über ein Verbrechen auf die Aussagen des Polizeisprechers. Sie werden niemals den Satz »Kein Kommentar!« hören. Nur sehr selten werden Sie vernehmen: »Darüber könnten wir noch nicht berichten.« Stattdessen werden Sie hören: »Wir tun momentan alles, um dieses Verbrechen aufzuklären. Wir haben zahlreiche Hinweise, denen wir nachgehen.« Was haben wir als Zuschauer erfahren? Nichts. Wir wurden darüber informiert, dass die Polizei ihrer Arbeit nachgeht, wovon man sowieso ausgehen darf. Genauso läuft es in unserem Geschäft. Erst wenn feststeht, dass der Kandidat für die Stelle infrage kommt, beginnt die Offenbarungsphase. In der Beschreibung der Erzählerin benutzte sie die Polizeitechnik dreimal in Folge:

❧ Von der Frage, wie der Berater auf Sie gekommen sei, wird üblicherweise durch eine Floskel abgelenkt, gefolgt von einer direkten Überleitung zur nächsten Frage. Es ist sehr wichtig für den Berater, in diesem Stadium die Gesprächsführung zu beherrschen. Das erzielt er hauptsächlich mithilfe von Fragestellung. Wer die Fragen stellt, führt; wer sie beantwortet, folgt. Sollte der Berater einem direkten Hinweis gefolgt sein und die Erlaubnis haben, den Namen des Hinweisgebers preiszugeben, wird er das tun. Hat er sie nicht, wird er das Thema wechseln. Selten werden Sie von einem guten Headhunter hören: »Das ist vertraulich.« So eine Antwort ist ungeschickt und brüskiert hochkarätige Kandidaten.

❧ Eine knappe Auskunft über die Position nach dem Beispiel in dieser Erzählung weckt bei dem Kandidaten üblicherweise ausreichend Interesse, um ihm einen Lebenslauf zu entlocken. Sehr viel mehr als das, was öffentlich sowieso bekannt ist, wird in einem Vorauswahlverfahren selten preisgegeben.

❧ Die Frage nach der Identität des Arbeitgebers wird im Vorfeld von gestandenen Beratern niemals beantwortet und auch im fortgeschrittenen Stadium nur ungern, wenn überhaupt. Unter diesen Umständen das Interesse beider Parteien aufrechtzuerhalten, ist ein Balanceakt, der Fingerspitzengefühl und Diskretion erfordert. Einer der wesentlichen Gründe, warum Personalberatungen beauftragt werden, ist, dass der Auftraggeber anonym bleiben möchte. So vermeidet er den Ruf, Leute abzuwerben, innerbetriebliche Gerüchte werden im Rahmen gehalten oder vermieden und im Falle einer Ablehnung seines Angebots wahrt der Arbeitgeber sein Gesicht. Auch schützt es den Auftraggeber vor lästigen Anfragen und er gerät bei einer Absage seinerseits nicht in Erklärungsnot. Grundsätzlich gibt ein Headhunter als Erklärung nur an, man habe sich für einen anderen Kandidaten entschieden. Damit sagt er die Wahrheit, weicht aber aus, was die Hintergründe der Entscheidung betrifft, um Diskussionen zu vermeiden. Ein Profi wird sich weder von Kandidaten noch von Kunden einschüchtern und zur unbefugten Herausgabe von Daten verleiten lassen.

Um die Gleichberechtigung zwischen potenziellem Arbeitnehmer und Arbeitgeber zu wahren, steht es dem Kandidaten frei, anonymisiert angeboten zu werden. Die Identität des Kandidaten wird erst dann preisgegeben, wenn eine Einladung zum Vorstellungsgespräch beim Kunden erzielt wurde. Das ist durchaus nicht unüblich und sollte dem Kandidaten vorgeschlagen werden, wenn er sich zwar interessiert zeigt, aber Einwände dagegen äußert, dass ihm die Identität des Kundenunternehmens vorenthalten wird. Wenn es sich um eine respektable Personalberatung handelt, wird der Berater gewissenhaft alle Hinweise auf Ihre Identität aus Ihrem Profil entfernen. Sollten Sie dennoch Zweifel haben, lassen Sie sich eine Kopie Ihres Profils zukommen – das gilt auch für übersetzte Versionen Ihres Lebenslaufs. Eine Verpflichtung, Ihnen dieses Dokument auszuhändigen, besteht zwar nicht, aber ein seriöser Partner wird Ihren Wunsch respektieren. Im Zweifelsfalle steht es Ihnen natürlich frei, jederzeit Ihre Bewerbung zurückzuziehen. Ohne Ihre Erlaubnis darf und sollte der Headhunter nicht handeln. Manchmal wird man Sie bitten, diese Erlaubnis pauschal zu erteilen, wenn Sie zum Beispiel als Bewerber ganz offiziell eine Personalberatung bitten, sich aktiv um eine Stelle zu bemühen. Wenn Sie nichts dagegen haben, vereinfacht das die Vorgehensweise der Agentur, verringert Verzögerungen und vergrößert Ihre Chance auf eine Vermittlung. Es ist auch üblich, dass sich der Personalberater in solchen Fällen vergewissert, ob es eventuell Arbeitgeber gibt, für die Sie grundsätzlich nicht arbeiten möchten. Kandidaten nennen dann meistens die Namen ihrer früheren Arbeitgeber, Konkurrenzfirmen, Zulieferer oder Kundenfirmen des jetzigen Arbeitgebers. Besonders hellhörig wird der Personalberater bei der Auskunft über Zielfirmen, also Wunscharbeitgeber des Bewerbers. Diese wird der Berater, wenn er Initiative zeigt, gezielt ansprechen – auch, wenn es momentan keine offene Stelle gibt. Eine solche Dienstleistung, das sogenannte Kandidatenmarketing, wird aber nur in äußerst seltenen Fällen von klassischen Executive-Search-Firmen angeboten. Sollte Ihnen dieser Service offeriert werden, erkundigen Sie sich vorher über die damit verbundenen Konditionen und eventuelle Verpflichtungen Ihrerseits.

5. Jede ernsthafte Vorauswahl beginnt mit dem Lebenslauf eines Kandidaten. Liegt keiner vor, und das ist selten, kann dieser zusammen mit dem Kandidaten erarbeitet werden. Weitere Fragen bezüglich der beruflichen Fähigkeiten, der Vergütungserwartung und der Wechselbereitschaft eines Kandidaten werden in einem persönlichen Interview oder in weiteren Telefonaten erörtert.

6. Das anfängliche Zögern des Kandidaten ist normal, wenn er aus heiterem Himmel angesprochen wird. Allerdings bringt der Kandidat in diesem Beispiel durchaus zum Ausdruck, dass er einem Wechsel nicht abgeneigt wäre. Natürlich gibt es auch Leute, die absolut nicht zugänglich sind. In diesem Falle ändert der Headhunter seine Taktik und beginnt mit der Recherche nach weiteren Hinweisen auf mögliche Anwärter. Nur blutige Anfänger drängen mithilfe ihrer Überredungskunst auf eine Fortsetzung des Verfahrens. Zu gering ist die Wechselmotivation und zu groß das Risiko eines Absprungs in der letzten Minute. Die ernsthafte Wechselmotivation ist absolut erforderlich, um eine Vermittlung zum Abschluss zu bringen.

Kandidaten, die aus Neugier mitspielen, heißen in der Headhunting-Sprache »Windowshoppers«. Sie brüsten sich auch gern vor ihren Vorgesetzten damit, angesprochen worden zu sein, was einen Konflikt zwischen dem Unternehmen und der Personalberatung heraufbeschwören kann. Als Headhunter meidet man daher die »Shoppers« und wendet sich ohne Umschweife sofort wieder dem Ident, der Suche nach einer neuen Zielperson, zu – so schmerzhaft und enttäuschend es auch sein mag.

Diese Geschichte befasste sich hauptsächlich mit dem Thema »Kandidatenkontrolle« – das kritischste Stadium des Vermittlungsprozesses, vor allem für noch unerfahrene Berater.

5

ZEUGNIS-, KOMPETENZ- UND HINTERGRUNDPRÜFUNG

»Wir können uns keinen Skandal leisten!«

Annette Kinnear, 50,
Personalberaterin

Jeder Headhunter hat mindestens einen Lieblingskunden. Ich habe besonders gern für den Geschäftsführer der südafrikanischen Niederlassung einer Maschinenbaufirma gearbeitet. Als akribischer Einstellungsentscheider erschwerte er Personalberatern das Leben. Er war bekannt als pedantisch, schwierig und fast unüberzeugbar. Auch ich wählte anfangs zittrig seine Telefonnummer, um meine Kandidaten anzubieten. Manchmal nahm er mich so in die Mangel, dass ich nach seinem vernichtenden Urteil über meine Bemühungen nach dem Auflegen in Tränen ausbrach. Headhunting ist ein emotionales Geschäft, auch wenn man keine Heulsuse ist!

Über die Jahre entwickelte sich unsere Beziehung, wir wurden ein eingespieltes Team. Der Wettbewerb war ausgeschaltet, er vergab seine Aufträge nur noch an mich. So groß war sein Vertrauen, dass ein Satz genügte, um ihn seinen Terminkalender aufschlagen zu lassen. »Herr Meier, ich habe jemanden für Sie!« – mehr musste ich nicht sagen, selbst wenn es offiziell keine Stelle zu besetzen gab. Nicht selten kreierte er eine Position um das Talent des Kandidaten herum, um sich ihn für sein Unternehmen zu sichern. Seine Personalpolitik war beispiellos progressiv, er trug damit dem chronischen Fachkräftemangel in Südafrika Rechnung. Jede einzelne Vermittlung war ein Erfolg.

So war es nicht verwunderlich, dass er mich mit der Besetzung seines Nachfolgers beauftragte. Er rechnete vor dem Ruhestand mit einer Übergabezeit von etwa zwei Jahren. Mit einer spannenden Aufgabe und einem hohen Honorar in Aussicht stürzte ich mich voller Elan in die Arbeit.

Bald präsentierte ich stolz meinen Interessenten: gebürtiger Südafrikaner, promoviert, zu der Zeit Geschäftsführer eines Herstellers von Ersatzteilen für Sondermaschinen. Diese Sondermaschinenteile wurden vor allem an die südafrikanische Regierung geliefert. Das hätte mich stutzig machen können, tat es aber zu dem Zeitpunkt nicht.

Was mir jedoch auffiel, war sein ungewöhnlicher Werdegang. Akademisch war er im Bereich Luftfahrt versiert, in der Praxis im Werkzeug- und Vorrichtungsbau. Seine berufliche Vita vermittelte den Eindruck eines Senkrechtstarters in jeder Beziehung. Headhunter lesen Lebensläufe in der Regel chronologisch, so bemerken sie schnell eventuelle Lücken und skizzieren methodisch den Karriereaufbau des Kandidaten. Der innerbetriebliche Aufstieg ist nach wie vor von Bedeutung, aber reine Firmenzugehörigkeit ist im globalen Markt weniger ausschlaggebend. Interessanter ist, wie der Werdegang nach jeder Position weiter verläuft, auch wenn der Aufstieg jeweils mit einem Arbeitgeberwechsel verbunden ist. Gibt es keine seitlichen Abweichungen und keine Abstürze, sondern eine stete Aufwärtsbewegung, zieht man daraus Schlüsse über die berufliche Fähigkeit des Kandidaten. Bei diesem Kandidaten waren diese definitiv gegeben. Hinzu kamen die Durchsetzungsfähigkeit des Anwärters, sein Verhandlungsgeschick und seine gepflegte Erscheinung.

Mein Kunde teilte meine Meinung über das beeindruckende Gesamtbild des Kandidaten und schickte ihn nach mehreren lokalen Vorgesprächen zum Mutterhaus nach Europa. Dort überzeugte er den Vorstand. Ein schriftliches Angebot wurde zugesagt. Man wolle es in Südafrika direkt unterbreiten, hieß es.

Am Tag der geplanten Vertragsunterzeichnung erhielt ich gegen 15 Uhr eine Nachricht. Der Kandidat bat um Rückruf. Ein Blick auf die Uhr gab Grund zur Sorge. Der Termin war für 14 Uhr angesagt, der Anruf an mich um 14.45 Uhr eingegangen. Hatte er sich verspätet? Musste der Termin verlegt werden? Oder war man sich etwa doch nicht einig geworden und hatte das Gespräch vorzeitig beendet?

Es ist ungewöhnlich, so rasch von dem Kandidaten zu hören, wenn das Endgespräch positiv verläuft. Ist der Vertrag erst einmal in der Tasche, wird oft vergessen, den Berater sofort zu informieren. Ich rief zurück, meine Vorahnung mit Fröhlichkeit vertuschend: »Hallo, Dr. Tress! Und – wie lief es?«

Was war geschehen?

Ein Mitarbeiter im Hauptsitz meines Kunden hatte in Eigenregie vor der Angebotsunterbreitung eine gründliche Hintergrundprüfung vorgenommen und fand heraus, dass es sich bei meinem Kandidaten um einen berüchtigten Apartheidsmitwirker handelte. In der Vergangenheit war er an Kidnappings, Folter, sogar Mord beteiligt gewesen. Seine Erfindungen reichten von explosiven Attrappen bis zu obskuren Methoden für die Verabreichung von Giften. Auf der mechanischen Seite entwickelte er Zwangsvorrichtungen für die Misshandlung von Versuchstieren und auch Menschen. Einer der früheren Arbeitgeber entpuppte sich als Militärfront.

Der Schock warf mich aus der Bahn. Jeder Bürger, der den Widerstandskämpfern von damals Beachtung schenkte, ahnte natürlich, dass es so etwas gab. Es wurde zwar offiziell abgestritten, aber vom African National Congress beharrlich darüber berichtet. So nahe persönlich daran herangeführt zu werden, bleibt bis heute eines der prägendsten Erlebnisse in meinen dreißig Jahren in Südafrika.

Inzwischen hatte sich auch mein Kunde mit mir in Verbindung gesetzt. Ich machte mich auf die Vorwürfe gefasst, die auf mich herabprasseln würden. Stattdessen fühlte sich mein Kunde genötigt, mir Trost zu spenden: »Sie können nichts dafür, ich habe es ja auch nicht gewusst. Er ist fachlich ein guter Kandidat, aber wir können uns keinen Skandal leisten.«

Mein Kunde war zu nachsichtig. So etwas darf einem Headhunter nicht passieren. Ein nachträglicher Blick auf den Lebenslauf des Kandidaten zeigte, dass die Tatsachen peinlich klar auf der Hand lagen. Der Kandidat war kein Lügner, er bekannte sich offen zu seiner Vergangenheit, sofern man ihn darauf ansprach. Ein paar gezielte Fragen über die früheren Arbeitgeber und die Kontakte zur Regierung hätten genügt. Hinzu kam, dass ausgerechnet zu jener Zeit die Verhandlungen der Wahrheitskommission voll im Gange waren. Ein eigener Rundfunksender war eingerichtet worden, der die stundenlangen Verhöre täglich live übertrug. Im Radio hörte ich schließlich mit eigenen Ohren die erschreckenden Aussagen meines Kandidaten. Aufgrund seines Geständnisses wurde ihm und seinen Mitarbeitern Amnestie gewährt.

Hätte ich gründlicher recherchiert, hätten sich die hausinternen Nachforschungen erübrigt. Zweifellos war diese eine der anspruchslosesten Recherchen, mit denen man sich je befasst hatte.

Selbstverständlich wurde mir in Windeseile das Mandat entzogen. Es wurde auch kein neuer Headhunter beauftragt. Das Mutterhaus entsandte einen Mann aus den eigenen Reihen, und soweit mir bekannt ist, hat die Firma bis zum heutigen Tage nie wieder einen lokalen Kandidaten für eine Führungsposition in Betracht gezogen. Alle kritischen Stellen werden mit Expatriierten aus Europa besetzt.

Hintergrund

Ein guter Headhunter zeichnet sich dadurch aus, dass er unbequeme Fragen stellt. Unabhängig vom Thema braucht er nicht mehr als zwei bis drei gezielte Fragen, um die Wahrheit ans Licht zu bringen. Wenn Sie als Kandidat oder Auftraggeber nicht mindestens einmal ungemütlich auf Ihrem Stuhl herumrutschen, haben Sie es unter Umständen mit einem Dilettanten zu tun. Alle guten Headhunter sind herausfordernd in ihrer Gesprächsführung. Manche agieren subtil und mit Takt, andere benehmen sich ungeschickt und wirken frech in ihrem Fragestil. Verzeihen Sie ihnen dieses kleinere Übel in dem Wissen, dass Sie es mit einem Profi zu tun haben, dem keine Ungereimtheit entgeht.

Manchmal begleiten negative Eindrücke eine Bewerbung, die subjektiv zu bewerten sind. Sie müssen keineswegs dazu führen, dass ein fachlich kompetenter Kandidat grundsätzlich aussortiert wird. Aber alle Tatsachen müssen dem Kunden dargelegt werden. Der Headhunter kann Empfehlungen aussprechen, Vergleiche ziehen – die Einstellungsentscheidung liegt bei dem Auftraggeber.

Inzwischen habe ich fast fünftausend Tiefeninterviews hinter mir. Wie alle Profis unserer Branche hinterfrage ich absolut alles, was mir in meinem Tagesgeschäft erzählt wird. Gute Headhunter bleiben dabei sachlich, hegen keine zynischen Hintergedanken, aber hören erst auf zu bohren, wenn ihre Neugier befriedigt ist. Jeder Ansatz eines Widerspruchs, jeder Tonartwechsel, jedes Zögern macht einen Headhunter hellhörig. Das gilt sowohl für das Interview als auch für die Überprüfung von Referenzen. Denn Referenzen werden tatsächlich telefonisch überprüft, das Einverständnis des Kandidaten und des früheren Arbeitgebers vorausgesetzt.

»Würden Sie Frau Becker wieder einstellen?«

»In der richtigen Position, ja, absolut.«

Ein unerfahrener Personalberater hört »Ja, absolut« und jubelt »Halleluja!«. Ein erfahrener hört »in der richtigen Position« und hakt nach: »Definieren Sie bitte ›die richtige Position‹. Welche Aufgabengebiete scheiden für diese Kandidatin in Ihrem Unternehmen eher aus? Warum?«

Bei Referenzüberprüfungen sind negative Auskünfte fast immer impliziert. In der verhörartigen Situation fördert der erfahrene Headhunter die wahren Qualitäten und Mängel des Kandidaten zutage. Seien Sie versichert, dass diese Gespräche stattfinden. Benehmen Sie sich bis zum letzten Arbeitstag, auch während der Kündigungsfrist, tadellos. Es wird alles untersucht, was nicht heißen soll, dass es sich negativ auswirkt, wenn hie und da an Ihrem Arbeitsplatz etwas schiefgegangen ist. Nach meiner Erfahrung sind deutsche Arbeitgeber enorm verständnisvoll und tolerant, vor allem im Vergleich zu ihren angelsächsischen Kollegen. Wenn Sie an Ihrem früheren Arbeitsplatz Probleme hatten, ziehen Sie in Erwägung, diese offen in einem persönlichen Gespräch anzusprechen. Hüten Sie sich allerdings im Vorstadium vor Rechtfertigungen per E-Mail. Augenkontakt und Stimme sind bei heiklen Diskussionen immer wichtig. Aufrichtige Reflexion und präzise Selbstwahrnehmung werden fast immer mit Respekt belohnt. Personalentscheider wissen: Es gibt keine perfekten Menschen. Der Anschein von Perfektion erregt eher Skepsis. Was heute zählt, ist der *Umgang* mit der Vergangenheit. Sollten Sie sich in Lügen verstricken oder sich undurchsichtig geben, verringern Sie Ihre Chance auf den neuen Arbeitsplatz. Nach der Absage wird man Ihnen keine Möglichkeit zur Diskussion einräumen. Eher wird man Sie mit der 08/15-Aussage abspeisen, dass man sich leider für einen anderen Kandidaten entschieden habe.

Nach der Rechtsprechung muss ein Zeugnis wohlwollend formuliert sein, um dem Arbeitnehmer das berufliche Fortkommen nicht zu erschweren. In der Praxis wird kaum eine Einstellung auf gehobener Ebene ohne gründliche Einsicht in die berufliche Vergangenheit des Kandidaten vorgenommen. Das gilt für Bewerber und für Kandidaten, die durch Direktansprache angeworben werden. Ein Vorstellungsgespräch bleibt ein Vorstellungsgespräch, auch wenn Sie es Ihrem Ruf zu verdanken haben, dass Sie eingeladen wurden.

6

DAS INTERVIEW

»Mein Diplom habe ich bei einem Umzug verloren«

Wendy Masters, 45,
Personalberaterin, Durban, Südafrika

»Dein Elf-Uhr-Termin ist da!«, ruft meine Assistentin von nebenan um 10.30 Uhr. Ich stecke mitten in einer Präsentation, innerlich irritiert mich die Unterbrechung. Aber eines meiner Prinzipien ist, einen Besucher höflich zu empfangen, wenn er ankommt – ob zu früh oder zu spät. Ich mache das nicht aus Großmut oder weil ich weiß, wie schwer der Großstadtverkehr abzuschätzen ist, sondern weil ich die Gelegenheit nutze, sofort eine Verbindung aufzubauen. Kommt ein Bewerber zu früh, empfange ich ihn, sobald es irgendwie geht. Jemanden warten zu lassen, finde ich stillos. Lieber fasse ich die Gelegenheit beim Schopf, mich von anderen zu unterscheiden. Kommt er zu spät, lasse ich mir nichts anmerken und empfange den Kandidaten immer mit den Worten: »Kein Problem, das passt mir gut, ich bin heute selbst spät dran mit meinen Terminen.« Damit räume ich das natürliche Unbehagen aus, das der Bewerber bei einer Verspätung empfindet, denn alle auf mich bezogenen unangenehmen Gefühle wirken sich negativ auf die Beziehung aus – auch dann, wenn sie unverschuldet entstanden sind. Die Gleichberechtigung zwischen Bewerber und Personalberater ist sehr wichtig. Spielt man seine vermeintliche Macht aus, kann der Kandidat sich unbewusst rächen, wenn er später die Kontrolle übernimmt. Das ist der Fall, nachdem er mit dem Kunden bekannt gemacht wurde und ein Angebot erhält oder wenigstens im Rennen ist.

»Ich bin etwas früh«, setzt Tom zu einer Entschuldigung an, als ich ihn begrüße.

»Aber das macht doch nichts, es passt mir sehr gut!«, schwindle ich beschwichtigend. »Freut mich, dass Sie es so schnell geschafft haben.«

Ich führe den Bewerber, einen Technischen Verkäufer für Dichtungen, in ein Gesprächszimmer und mache eine einladende Armbewegung in Richtung Stuhl: »Bitte nehmen Sie doch Platz.« Aus Zeitgründen biete ich dem Kandidaten kein Getränk an. Sollte er sich als unpassend erweisen, gehe ich nämlich zu einem »Kulanzinterview« über. Das heißt, man wickelt das Gespräch in maximal zehn Minuten ab und müsste dann herumsitzen, bis der Kaffee ausgetrunken ist. Das klingt brutal, ist aber in einer Personalberatung, die auf Erfolgshonorarbasis arbeitet, eine wirtschaftliche Notwendigkeit. Die Prioritäten richtig zu setzen und sich auf erfolgversprechende Aufgaben zu konzentrieren, gehört zu den Überlebensstrategien einer Personalberaterin. Auch ein Gespräch mit einem guten Kandidaten sollte in dreißig bis vierzig Minuten abgewickelt werden. Liege ich regelmäßig darüber, bekomme ich Schwierigkeiten mit meiner Chefin.

Der Bewerber hat sich auf eine Anzeige gemeldet, der Lebenslauf sah auf den ersten Blick gut aus, aber ich erkenne schnell, dass ich ihn zu flüchtig begutachtet habe. Viele Angaben ergeben bei näherer Inspektion keinen Sinn, die Aufdeckung von Lücken erweist sich als mühselig. Der Bewerber reagiert resistent auf direkte Fragen und verstrickt sich in Widersprüche, plappert aber pausenlos und raubt mir den letzten Nerv.

Andererseits suche ich seit Wochen verzweifelt nach einem Starverkäufer für meinen Kunden und stehe unter Druck, endlich Resultate vorzuweisen. Das Dichtungsgeschäft ist eine knallharte Branche, es gibt viele Konkurrenten, die Produkte meines europäischen Kunden sind teuer und gute Kandidaten rar.

Der Bewerber gibt an, Maschinenbautechniker zu sein und mehrere Jahre Berufserfahrung als Anwendungstechniker und Verkäufer in der Pumpenindustrie zu haben, die unter anderem von Dichtungsherstellern beliefert wird. Erfahrungen im Dichtungsgeschäft hat er auch, aber nur ein Jahr. Routinemäßig stoße ich bei der Anwendung der kompetenzbezogenen Interviewtechnik auf Ungereimtheiten. Typisch ist hier unter anderem ein sehr starker Bezug auf Kontakte. Sicher ist das für einen Verkäufer wichtig, aber der Kandidat brüstet sich übermäßig viel damit, wichtige Leute zu kennen, und lenkt so ständig von den eigenen Fähigkeiten ab.

»Erzählen Sie mir doch bitte von Ihrem letzten Verkaufsabschluss.«

»Wir haben sehr viele große Projekte abgeschlossen.«

»Reden wir von Ihrem allerletzten«, wiederhole ich.

»Wir haben gerade ein großes Projekt bei XYZ abgeschlossen.« Er nennt den Namen eines großen Konzerns in der südafrikanischen petrochemischen Industrie.

Bei dem Bezug auf »wir« horche ich auf.

»Wer war noch involviert?«

»Das Projektteam.«

»Aus welchen Mitarbeitern bestand dieses Team?«

»Aus Konstrukteuren, Anwendungsingenieuren und meinem Chef.«

»Und Ihnen«, kann ich mir nicht verkneifen, den Bewerber zu erinnern. Zynismus bahnt sich an. Ich bemerke es und reiße mich zusammen. Inzwischen sitzen wir gute zwanzig Minuten zusammen und drehen uns im Kreis.

»Ja, klar.«

»Um welche Projektgröße handelte es sich?«

»Ein paar Millionen Rand.«

»Das ist beachtlich im regionalen Dichtungsgeschäft. Wie viele Millionen?«

»Zwei.«

»Beschreiben Sie mir doch bitte Ihre persönliche Rolle bei diesem Projekt.«

Der Kandidat ist vollkommen unfähig, sein eigenes Wirken darzulegen. Jede brauchbare Information muss ich mit großer Anstrengung herausfiltern und bemühe mich sehr, aber erfahre *nichts*. Immer wieder blicke ich verwirrt auf den beeindruckenden Lebenslauf und die beträchtlichen Verkaufserfolge, die darin genannt werden.

»Wie haben Sie den Kunden überzeugt?«

»Ich verstehe immer genau das Problem des Kunden und suche eine kostengünstige Lösung.«

Ich ärgere mich über die Antwort, die nur aus einer Behauptung besteht. Ein weiteres Indiz dafür, dass seine Auskünfte nicht auf persönlichen Erfahrungen basieren. »Wie genau haben Sie in diesem Fall argumentiert?«

»In meinen Verkaufsgesprächen würde ich aufzeigen, dass unsere Dichtungen robuster sind und größerem Druck standhalten.«

»In diesem speziellen Fall, wie haben Sie sich mit Einwänden auseinandergesetzt? Welche Spezifikationsvergleiche mit den Dichtungen der Konkurrenz haben Sie gezogen?« Ein letztes Mal versuche ich, dem Bewerber auf die Sprünge zu helfen. Wieder nichts. Gar nichts.

»Wie ging es weiter?«

»Was meinen Sie?«

»Wann wurden die Dichtungen geliefert, wann wurde die Rechnung bezahlt? Gab es Verzögerungen, Abzüge?«

»Ich sagte doch, der Verkauf lief glatt.«

Das glaube ich ihm zwar, aber bezweifle ernsthaft, dass dieser Erfolg auf seine Fähigkeiten zurückzuführen war. Ich breche das Gespräch über den Werdegang ab, erkundige mich nach telefonischen Referenzen.

»Ich arbeite noch dort, da können Sie nicht anrufen.«

»Selbstverständlich nicht, aber wie sieht es mit Ihrem vorherigen Arbeitgeber aus?«

»Ich habe den Kontakt verloren. Er heißt Paul Swart, Sie können ja die Auskunft anrufen.«

Diese Anweisung lege ich sofort mit bestimmtem Ton zurück in seine Hände: »Bitte versuchen Sie, ihn aufzutreiben, und geben Sie mir im Laufe des Tages die Telefonnummer durch. Was ist mit dem vorherigen Arbeitgeber?«

Tom nennt mir einen Ansprechpartner und eine Telefonnummer. Ich, nun sehr misstrauisch, bohre tiefer. Es handelt sich um das Unternehmen seines Schwiegervaters. Unbrauchbar. Ohne die Absicht, jemals diese Referenz zu überprüfen, notiere ich die Information, um einer sinnlosen Auseinandersetzung aus dem Weg zu gehen.

»Haben Sie mir eine Kopie Ihres Diploms mitgebracht?«

»Ach, das habe ich vor ein paar Jahren bei einem Umzug verloren.«

Natürlich! Ich stöhne innerlich über die zunehmende Zeit-verschwendung. Es gibt die Möglichkeit, eine Qualifikation bei dem jeweiligen Institut zu überprüfen, aber das ist in Südafrika unglaublich zeitaufwendig. Heutzutage beauftragt man damit eine Agentur. Damals gab es diese Dienstleistung noch nicht. Und die damit verbundenen Kosten hätte ich meiner Firma in diesem Fall ohnehin nicht aufgebürdet.

»Erzählen Sie mir, wie dieses wichtige Dokument verloren gegangen ist. Denn Ihr Diplom brauche ich wirklich, Tom, das kann ich Ihnen nicht ersparen.«

»Es kann sein, dass es irgendwo im Haus meiner Mutter herumliegt. Aber die wohnt in Kapstadt.«

»Wann können Sie Ihre Mutter bitten, nach dem Diplom zu suchen?«

»Äh, ich weiß nicht.«

»Bitte rufen Sie heute noch an und besorgen Sie es so bald wie möglich, sonst stecken wir hier fest. Ich kann Sie nicht anbieten, ohne Ihre Qualifikationen überprüft zu haben.«

Zu diesem Zeitpunkt glaube ich, die Situation fest im Griff zu haben, und verabschiede mich von dem Kandidaten.

Was folgte, war eine Katastrophe.

Der Bewerber verließ noch brav unser Büro; eine Woche lang hörte ich nichts von ihm. Obwohl ich kurz davor war, hatte ich ihm nicht abgesagt, da es ja noch in seiner Verantwortung lag, Referenzgeber und Diplom hervorzuzaubern. Im Rückblick war es sicher ein Fehler, einfach zu denken, die Sache würde sich von selbst erledigen.

Am darauffolgenden Freitagnachmittag parkte ich gerade mein Auto vor einer Tennisanlage, als mein Handy klingelte.

Am Apparat war Tom. Offensichtlich stand er unter Drogen oder war psychisch krank, denn er sprach unzusammenhängend im ständigen Wechsel mit mir und einer anderen Person, die sich anscheinend mit ihm im Raum befand. Wenn er sich mir zuwandte, fluchte und beschimpfte er mich aufs Übelste, was er dann in der dritten Person seinem anderen Gesprächspartner gegenüber wiederholte. Sein lautes Geschrei dröhnte meinen Ohren und seine Wortwahl erinnerte an einen drittklassigen Hollywood-Film. Irgendwie, es ist mir bis heute unerklärlich, hatte er den Namen meines Kunden herausgefunden. Er drohte damit, sich über mich zu beschweren, und bestand darauf, für die Stelle angeboten zu werden. Täte ich es nicht, werde er die Sache selbst in die Hand nehmen und im Falle einer Ablehnung die Kundenfirma und meinen Arbeitgeber verklagen.

Ich erinnere mich noch, dass ich am ganzen Leib zitterte, so aggressiv war sein Ton. Nach dem Auflegen versuchte ich noch am Parkplatz verzweifelt, meinen Kunden zu erreichen, ihm alles zu gestehen und ihn zu warnen. Es war mir psychisch unmöglich, so in das Wochenende zu gehen, ich musste den Kunden sofort erreichen, bevor mir der aufgebrachte Bewerber zuvorkam. Die Telefonzentrale war nur noch von einem Sicherheitsdienst besetzt und irgendwie gelang es mir, über eine Reihe von Anrufen den Verkaufsleiter noch am selben Abend zu Hause zu erreichen.

Fast starb ich aus Angst vor den Konsequenzen, denn der Verkaufsleiter war ein äußerst korrekter und strenger Klient, der es mit seinen Erwartungen an Dienstleister sehr genau nahm. Allerdings überraschte er mich durch Solidarität und gab sich nicht im Geringsten eingeschüchtert. »Der soll nur kommen«, meinte er. Ich fühlte mich gestärkt, denn nun hatte ich einen Verbündeten, der sich nicht bedrohen und beschimpfen ließ.

Das Wochenende kam und ging. Auch am Montag tat sich nichts und den Rest der Woche hörte ich ebenfalls nichts mehr von dem Bewerber. Das beunruhigte mich – lieber wäre es mir gewesen, die Angelegenheit vom Tisch zu haben, denn ich wusste aus Erfahrung, Funkstille ist selten ein gutes Zeichen. »Wer weiß, was er ausbrütet«, gab ich meinem Kunden zu bedenken und bat ihn, den Kandidaten anrufen zu dürfen. Aber mein Kunde hatte die stärkeren Nerven und weigerte sich. Inzwischen suchte ich die Telefonnummer des angeblichen Arbeitgebers heraus, die nicht im Lebenslauf angegeben war. Ohne mich vorzustellen, verlangte ich nach dem Kandidaten – eigentlich nur, um zu prüfen, ob er tatsächlich dort angestellt war. Dieser Mitarbeiter habe schon vor vier Monaten die Firma verlassen, erfuhr ich und legte auf.

Weder der Kunde noch ich hörten je wieder von dem Kandidaten und wir legten die seltsame Sache ad acta.

Etwa zwei Jahre später erhielt ich einen Anruf einer ehemaligen Kundin, die mich schon längere Zeit nicht mehr beauftragt hatte. Da sei ein scheinbar guter Kandidat, eröffnete sie das Gespräch, aber irgendwie habe sie ein merkwürdiges Gefühl. Da ich mich im Dichtungsgeschäft gut auskannte, wollte sie sich unnötigen Aufwand ersparen und fragte mich, ob er mir bekannt sei. Sie bat mich, einen Blick in unsere Datenbank zu werfen.

»Da brauche ich nicht nachzusehen«, antwortete ich, ohne zu überlegen, denn ich erinnerte mich genau, um wen es sich handelte. Ich erzählte von meinen Erfahrungen und rechtfertigte mich später mir selbst gegenüber mit dem Argument, ich habe meine ehemalige Kundin mit meiner ablehnenden Haltung vor diesem Hochstapler geschützt.

Danach brach der Kontakt mit ihr ab. Ich habe nie herausgefunden, was aus Tom wurde, habe nie erfahren, ob er die Stelle bekam, und wollte es auch gar nicht wissen. Niemals zuvor und niemals wieder hat mich jemand so schmutzig beschimpft oder mir derart massiv gedroht, weder beruflich noch privat. Bis zum heutigen Tage habe ich nie über diesen Vorfall gesprochen.

Meiner damaligen Rechtfertigung zum Trotz frage ich mich heute, ob ich aus Rachsucht handelte, und muss gestehen, dass ich die Auskunft damals überraschend gern gab.

Wie würde ich heute auf so eine Anfrage reagieren? Bei einem guten Kandidaten würde ich wahrscheinlich offen meine Meinung sagen. Wäre er ein Betrüger wie Tom, würde ich mich höchstens zu einem Ratschlag verleiten lassen: »Nehmen Sie auf jeden Fall, wie bei allen Bewerbungen, eine gründliche Hintergrundprüfung vor.«

Hintergrund

1. In deutschen Personalberatungen, die auf Erfolgsprovision arbeiten, ist es nicht viel anders als in Wendys Geschichte: Man muss die Interviews kurz halten. Allerdings ist es in Deutschland immer üblich, ein Getränk anzubieten.

2. In Südafrika redet man sich wie in vielen englischsprachigen Ländern auch geschäftlich meistens mit Vornamen an. Werden Sie je von einer internationalen Headhunting-Firma so angesprochen, ist dies kein Zeichen für schlechte Manieren. Gehen auch Sie sofort auf den Vornamen des Anrufers ein.

Wenn Sie eine neue Stelle antreten, bei der Sie im Ausland eingesetzt werden, machen Sie sich auf jeden Fall mit den kulturellen Besonderheiten des jeweiligen Landes vertraut. Eine ausgezeichnete Informationsquelle bietet www.geert-hofstede.com. Professor Hofstede hat über dreißig Jahre lang örtliche Gepflogenheiten und deren Einfluss auf Geschäftsabläufe recherchiert. Unter anderem untersucht er hierarchische Verhältnisse in Organisationen verschiedener Länder und das Durchsetzungsvermögen der Mitarbeiter diverser Kulturen. Auch im globalen Markt agierende Personalberater sollten sich mit

Hofstedes übersichtlichen Tabellen, zum Beispiel seinem Power-Distance-Index, vertraut machen. Manchmal sagen Kandidaten Ja, wenn sie Nein meinen, aber kulturelle Bedenken haben, sich Ihnen anzuvertrauen. So sehen sich zum Beispiel europäische Kandidaten einer Autoritätsperson eher gleichgestellt als Bewerber aus asiatischen Ländern. Ein Asiate würde Ihren Beruf eventuell als einen autoritären interpretieren, während ein amerikanischer Kandidat Sie eher als Verkäufer sehen würde und ein englischer als Dienstleister. Das ist wichtig, wenn Sie einen Abschluss erzielen möchten. Denn es beeinflusst die Offenheit Ihrer Kandidaten bezüglich ihrer Besorgnisse und Beweggründe.

3. In kompetenzbezogenen Interviews geht der Berater alle Stadien des Werdegangs eindringlich mit dem Kandidaten durch. Er stellt gezielte Fragen und bittet um echte Beispiele für die Durchführung von Projekten und deren Resultate. Dieser Rückblick auf konkrete Tages- und Projektabläufe aus der Praxis legt grundsätzliche Verhaltens- und Entscheidungsmuster offen. Das ermöglicht die aussagekräftigsten Vorhersagen über Erfolge und Misserfolge in der zukünftigen Tätigkeit.

Wie Sie der Geschichte entnehmen können, ist es wichtig, sich diesem Verfahren nicht zu entziehen. Wenn Ihnen kein Beispiel einfällt, weil Sie sich unter Druck gesetzt fühlen, bitten Sie um mehr Bedenkzeit oder schlagen Sie vor, die Information nachzureichen. Geben Sie keine Erklärung ab, wird der Berater möglicherweise daraus einen brutalen Schluss ziehen: Wenn nichts abrufbar ist, dann ist das ein Indiz dafür, dass nichts vorhanden ist. Wenn Sie nach mehreren Umformulierungen der Frage Ihre Erfahrung noch immer nicht durch ein konkretes Beispiel belegen können, wird der Berater diese Kompetenz innerlich als mangelhaft beurteilen und zur nächsten übergehen. Bei gehobenen Positionen können Sie auch damit rechnen, dass der Berater folgert, Sie wären nicht sehr belastbar, wenn Sie dem Druck seiner Interviewfragen nicht standhalten können. Auf einen Dialog darüber wird er sich selten einlassen.

Auch wenn es schwierig wird: Bleiben Sie freundlich, denn im Grunde will der Berater ja einen fähigen Kandidaten identifizieren. Es geht ihm weniger darum, unfähige auszufiltern, er wird Ihnen also helfen wollen, die Frage zu meistern. Allerdings sind ihm dabei ethische Grenzen gesetzt, die er als seriöser Berater nicht überschreiten wird.

Wendy erkannte sehr richtig, dass »Wir-Aussagen« hinterfragt werden sollten. Achten Sie immer darauf, von Ihrem *persönlichen* Einsatz zu berichten. Auch bei Teamarbeit konzentrieren Sie sich auf Ihren eigenen Beitrag.

Der Interviewer ist nur an Antworten aus der Vergangenheit interessiert. Antworten Sie deshalb niemals: »Ich würde so oder so vorgehen«, sondern berichten Sie immer, was sich tatsächlich zugetragen hat. Ihre damaligen Entscheidungen und Handlungen geben Aufschluss über zukünftiges Entscheiden und Handeln. Auch wenn man hie und da einen Misserfolg verbuchen musste: Ausschlaggebend sind die Ehrlichkeit der Antwort und die Schlüsse, die man aus der Fehlentscheidung gezogen hat. Wenn Sie sich bei absolut jedem Beispiel als unfehlbar darstellen, stoßen Sie eher auf Misstrauen und laden zu weiteren Fragen ein.

4. Die an Wendy herangetragene Bitte um Dateneinsicht gäbe es in Deutschland mit ziemlicher Sicherheit nicht. Der Markt ist groß, die Datenschutzgesetze sind streng. Außerdem haben Sie jederzeit die Wahl, ob Sie sich in eine Datenbank aufnehmen lassen wollen oder nicht. Trotzdem kann man nie wissen, was Personalentscheider zum Beispiel über einem Bier ausplaudern. Machen Sie jeden ehemaligen Arbeitgeber und jeden Personal-

berater zu Ihrem Freund, legen Sie sich einfach nicht mit ihnen an. Wenn sie Ihnen unsympathisch sind, denken Sie sich Ihren Teil und geben Sie sich nicht weiter mit ihnen ab. Pflegen Sie aber stets einen höflichen Umgang. Ihr Einfluss kann sich auch Jahre später sehr positiv auswirken. Viele Personalberater knüpfen enge Freundschaften mit ihren Kandidaten und Kunden, halten über Jahrzehnte Kontakt und beraten sie auch gern mal umsonst. Da ich mich schon so lange in dieser Branche tummle, habe ich nicht selten Vater und Sohn in Stellen vermittelt.

Deutsche Kandidaten gehen sehr ehrlich mit ihren Daten um; auch aus diesem Grund glaube ich nicht, dass sich so ein Vorfall in Deutschland abspielen würde. Täuschungsmanöver wie die von Tom sind hier äußerst selten. Die Notlüge über einen Ex-Arbeitgeber, der angeblich noch der gegenwärtige ist, habe ich zwar auch schon gehört, aber die meisten deutsche Kandidaten sind respektvoll und betrachten den Personalberater als Mitentscheider im Einstellungsprozess. Daher verhalten sie sich sehr kooperativ und gehen selten Risiken ein. Manche sind misstrauisch, weil ihnen die Zusammenarbeit mit Personalagenturen noch nicht vertraut ist. Sie benehmen sich dann, als wären sie in einer unterlegenen Position – ganz im Gegensatz etwa zu ihren amerikanischen Kollegen, die viel fordernder mit Personalberatern umspringen.

Verglichen mit dem englischsprachigen Markt sind deutsche Kandidaten generell eher bescheiden und lassen sich relativ leicht abweisen. Wenn zum Beispiel ein Bewerber aus dem englischsprachigen Ausland, der mit dem Bewerbungsprozess über Beratungen schon besser vertraut ist, eine gewisse Erfahrung noch nicht mitbringt, reizt es ihn umso mehr, sich auf die Stelle zu bewerben und sich diese Kenntnisse zu anzueignen. Der deutsche, professionelle Kandidat hingegen zögert in der Regel und glaubt, alle Voraussetzungen perfekt erfüllen zu müssen, um sich überhaupt bewerben zu dürfen. Keinen

Satz habe ich während meiner Tätigkeit in Deutschland öfter gehört als diesen: »In diesem Bereich bin ich noch nicht so stark, da bieten Sie mich lieber nicht an.« Für einen Personalberater ist es traurig zu wissen, dass der Kandidat in jeder anderen Beziehung fachlich kompetent ist und der Kunde einem Vorstellungsgespräch absolut nicht abgeneigt wäre – auch wenn man mehrmals betont, diese eine Fähigkeit weise der Bewerber nicht auf. Leider lassen sich die wenigsten Kandidaten davon überzeugen. Sie wünschen sich das berufliche Weiterkommen, scheuen sich aber davor, Gelegenheiten wahrzunehmen, die ihnen das ermöglichen. Diese Bescheidenheit ehrt sie, erschwert es ihnen aber, sich auf dem globalen Arbeitsmarkt zu behaupten, denn sie konkurrieren mit Bewerbern, die fachlich oft weniger bewandert, dafür aber mutiger in ihrer Vorgehensweise sind. Ich rate meinen deutschen Landsleuten daher, ihre Integrität zu wahren, aber den Bewerbungsprozess etwas couragierter anzugehen. Sprechen Sie Ihre Befürchtung selbstverständlich an, aber lassen Sie sich von Ihrem Personalberater helfen. Sie positiv zu präsentieren, einzulenken, gar für Sie zu kämpfen gehört bei uns zum Job. Arbeitgeber finden selten Kandidaten, die hundertprozentig auf ein Profil passen, und sind absolut bereit, Abstriche zu machen – vor allem bei tüchtigen und ehrlichen Bewerbern, die sich weigern, Fähigkeiten vorzugaukeln, die sie nicht besitzen. Das macht Sie umso attraktiver!

Sie möchten sich bewerben, kennen aber ausgerechnet das erforderliche CAD-Programm nicht? Erklären Sie das. Zeigen Sie, dass Sie lernfähig und lernbereit sind und dass das CAD-Programm, mit dem Sie täglich umgehen, durchaus eine Basis bietet, das neue zu erlernen. Wagen Sie einen Versuch! Ich glaube, Sie werden angenehm überrascht sein. Vielleicht werden Sie trotzdem abgelehnt. Aber werden Sie je wissen, welche Chance Ihnen entgeht, wenn Sie voreilig aufgeben?

7

DIE GEHALTSVERHANDLUNG

»Warum sagen Sie mir nicht einfach, was man bezahlt?«

Annette Kinnear, 50,
Personalberaterin

Der Kandidat ist ein Ekel. Das Vorgespräch am Telefon – eine Katastrophe! Es ist sein unkooperatives Imponiergehabe, das mir zusetzt. Ich ringe nach Luft und um Worte. Nein, eine Sprechpause ist ganz gut. Soll er sich ruhig fragen, was in mir vorgeht. Der Kandidat hat mich offensichtlich in ein frühkindliches Verhaltensmuster zurückversetzt. Ich rebelliere. Ich mauere – kämpfe mit unreifen Mitteln, um ein Mindestmaß an Kontrolle zu erlangen.

Er könne sich nur spätabends mit mir treffen, hat er mir bereits zu verstehen gegeben. »Kein Problem«, erwidere ich und schlage »großzügig« vor: »Ein Termin nach Geschäftsschluss ist absolut normal. Sagen wir um 18 Uhr?«

»Später«, erwidert er wortkarg.

»Klar, 19 Uhr geht auch.«

»Später.«

»Möchten Sie sich vielleicht am Samstag mit mir treffen?« Mir dreht sich der Magen um bei der Vorstellung, mein Wochenende für diesen Blödmann zu opfern. Schon rührt sich auch mein Gewissen. Den dürfte ich eigentlich keinem Kunden zumuten!

»Geht nicht. Samstags bin ich eingespannt.«

»Am Sonntag?«

»Sonntag ist Familientag.«

Ich bin baff. Aber nicht über ihn, sondern über meine Unfähigkeit, ihm Grenzen zu setzen.

Bist du so erfolgshungrig geworden, dass du dir alles gefallen lässt?

»Wann passt es Ihnen denn?«

»20 Uhr am Freitag.«

Eine Impertinenz! Tut mir leid, Freitag um 20 Uhr passt *mir* nicht, *denke* ich. »Freitag um 20 Uhr ist in Ordnung«, höre ich mich *sagen*, von Verzweiflung getrieben. Ich brauche diesen Kandidaten. Wochenlang ist es mir nicht gelungen, ein solches Kaliber für meinen anspruchsvollen Kunden an Land zu ziehen. Sein Lebenslauf passt wie die sprichwörtliche Faust aufs Auge. Wenigstens einen so hochkarätigen Ingenieur anbieten zu können, wäre schon ein wesentlicher Fortschritt, der meinen angeknacksten Ruf wiederherstellen würde.

Es ist Freitag 16 Uhr. Langsam leert sich das Büro. Neidisch starre ich den Kollegen hinterher, die sich nacheinander verabschieden, um sich in ihr Wochenende zu stürzen. Macht nichts, hast ja genug Arbeit, endlich eine Gelegenheit, einmal so richtig aufzuräumen, tröste ich mich, kann mich aber nicht wirklich aufraffen. Unkonzentriert und lustlos schiebe ich stundenlang Papier hin und her. Eigentlich arbeite ich gern spät.

Wenn ich will. Nicht, wenn ich muss! Endlich wird es 17 Uhr. 18 Uhr. 19 Uhr.

Pünktlich um 20 Uhr klingelt es an der Tür. Ich lege den langen Weg von meinem Büro zum unbesetzten Empfang zurück, öffne die Türe und bin sprachlos. Da es in Südafrika aus arbeitsrechtlichen Gründen unüblich ist, eine Bewerbung mit einem Foto zu ergänzen, sehe ich den Kandidaten zum ersten Mal. Und werde fast vom Schlag getroffen. Vor mir steht ein Bild von einem Mann. Offensichtlich ist er gerade der neusten Ausgabe von *Men's Health* entsprungen und vor meiner Tür gelandet. Sechsunddreißig gibt er vor zu sein, keinen Tag älter als achtundzwanzig sieht er aus.

»Fast hätte ich mich verspätet«, sagt er charmant, »ich komme gerade vom Fitnessstudio.« Das kann ich ihm gern glauben. Der Anblick verschlägt mir nicht nur die Sprache, auch mein Denkvermögen scheint ausradiert. Dass ein Rendezvous mit dem Fitnessstudio für ihn wichtiger zu sein scheint als unser berufliches Treffen, kommt mir in dem Moment gar nicht in den Sinn. Und bei so einem späten Geschäftstermin auch nur an eine Verspätung zu denken, ist ja eigentlich die Höhe. Aber meine Empörung ist verflogen. Gebannt von der fesselnden Gestalt des Kandidaten, werde ich zum Lamm und reiche ihm die Hand, die er mit männlichem Griff erfasst. Natürlich.

Lass los, zwinge ich mich zur Vernunft. Nicht loslassen, protestiert der verloren geglaubte Teenager in mir.

Ich lasse los.

Wir ziehen an den Interviewzimmern vorbei. Besser, ich führe ihn in mein Büro, taktiere ich spontan. Die runden Tische in den Besprechungsräumen, die warme Atmosphäre, absichtlich kreiert, um nervöse Kandidaten in ein Wohlgefühl zu hüllen, scheinen mir unangebracht. Ich brauche die »Macht« meines breiten Schreibtisches. Das wird das Gleichgewicht wiederherstellen, erklärt mir der kleine Teufel, der sich inzwischen auf meiner Schulter eingefunden hat, um mir bei der Bewältigung dieser unerwarteten Herausforderung zu helfen. Ich finde das selbst kindisch, aber mir fällt momentan nichts Besseres ein.

Wir setzen uns. Nervös schiebe ich Papierstapel näher an mich heran, um ihm wenigstens den Respekt seines eigenen Raumes zu erweisen. Viel zu gut erzogen bin ich, denn er breitet sofort seine Ellbogen aus, lehnt sich weit über den Tisch – in *meinen* Teil des Bereichs – und schaut mich unverwandt an. Eine derartige Dominanzdemonstration würde bei jedem anderen lächerlich wirken, bei »ihm« erzeugt sie beinah Ehrfurcht. Er nimmt die Hände vom Schreibtisch, faltet sie nun hinter seinem beachtlichen Nacken und lehnt sich so weit in seinem Stuhl zurück, dass ich befürchte, er würde umkippen. Aber von Kontrollverlust *seinerseits* keine Spur. Absorbiert von seiner Aura, denke ich pausenlos nur darüber nach, wie gut er aussieht. Groß, schlank, fit, elitär und gleichzeitig auffällig leger in teure Jeans und ein strahlend blaues T-Shirt gekleidet, ein Gesicht wie von Michelangelo gemeißelt und Haare, die zum hemmungslosen Hineingreifen verlocken. Er erinnert mich an einen Harvard-Absolventen aus einem Hollywood-Film, der Name fällt mir nicht ein. Nichts fällt mir mehr ein. Stumm beobachte ich ihn und höre mir dann zu, wie ich mechanisch banalen Small Talk herunterrassele. Den er jäh unterbricht.

»Also, was haben Sie mir anzubieten?«

Es reicht. »Gar nichts«, erwidere ich stur. Es fehlen nur noch seine Füße auf meinem Schreibtisch.

Neugierig richtet er sich auf.

Aha! Habe ich doch deine Aufmerksamkeit geweckt!

Aber nein, er ist nicht aus der Fassung zu bringen. Amüsiert grinst er mich an, mustert mich stumm. Ich fühle meine Körpertemperatur steigen.

Werde ich etwas rot? Bitte nicht!

»Gar nichts?«, fragt er mich sichtlich amüsiert.

Macht er sich lustig über meinen jämmerlichen Versuch, endlich durchzugreifen?

»So weit sind wir noch nicht. Erst müssen wir prüfen, ob Sie überhaupt geeignet sind.«

»Warum haben Sie mich dann angesprochen?«

»Die Ansprache ist lediglich der erste Schritt. Wir stehen noch ganz am Anfang.«

Wenn er geht, macht es nichts, rechtfertige ich mich. So wie der sich aufführt, ist er sowieso nicht vermittelbar. Trotz Maschinenbaumaster summa cum laude, MBA *und* (!) MBL der angesehensten Universität unseres gesamten Kontinents. Fast erhebe ich mich schon in der Vermutung, das Gespräch sei beendet und ich bald erlöst von der Tortur, mich mit ihm abgeben zu müssen. Aber er überrascht mich aufs Neue.

»Legen Sie los. Was wollen Sie wissen?«

Schon vor Jahren habe ich es mir abgewöhnt, Lebenslauf-Interviews zu führen. Ich bevorzuge informelle Gespräche. Sie sind ergiebiger, weniger langweilig für beide Parteien und wesentlich informativer als die verbale Wiederholung der Fakten im Resümee. Obwohl ich es Berufseinsteigern anders antrainiere, gehe ich zwar beim ersten Lesen einer Bewerbung chronologisch vor, aber beim Gespräch selbst nicht mehr. Gern würfle ich alles durcheinander, stelle multiple Fragen und halte den Kandidaten auf Trab. Kann er mir nicht folgen, hat er ein Problem und ich erfahre etwas über sein wahres Improvisationsvermögen.

Nicht an diesem Freitagabend. Krampfhaft halte ich die Bewerbungsdokumente des Kandidaten in den Händen, werfe immer wieder ausweichende Blicke aufs Papier und schaue ihm angestrengt in die Augen. Lange kann ich seinem herausfordernden Blick nie standhalten, starre immer wieder auf den Lebenslauf. Ich benehme mich wie eine Anfängerin. Fühle mich entsetzlich. Wie eine Idiotin.

»Ich hatte den Gang zu einer Personalberatung noch nie nötig«, prahlt er. »Man hat mir meine Positionen immer angeboten. Ehrlich gesagt bin ich gerade im Gespräch mit XYZ.« Er nennt den Namen einer der renommiertesten Management-Consulting-Firmen der Welt, die gerade sehr *en vogue* bei Management-Talenten in seiner Berufsgruppe ist.

»Ich bin gefragt«, fügt er überflüssigerweise hinzu.

Und eitel.

»Aber das wissen Sie ja selbst. Sonst säßen wir nicht an einem Freitagabend zusammen.«

Und vielleicht nicht doch ganz so schlau, wie wir beide dachten. Mit dieser Provokation geht er nun wirklich einen Deut zu weit. Trotzdem schreibe ich ihn nicht ab, fasziniert fahre ich fort.

An dieser Stelle muss ich kurz erklären, warum ich mich so überwältigt fühle. Der Kandidat hat tatsächlich einen Traumhintergrund. Auch das attraktive Äußere ist nicht unwichtig. Schon in meinem ersten Jahr als Personalberaterin habe ich beobachten können, dass sich gut aussehende Ingenieure mit einer erschreckenden Leichtigkeit vermitteln lassen (bitte nicht den Boten erschießen – es *ist* so). Das, kombiniert mit seinen Fähigkeiten, verleitet mich zu der Annahme, dass bald die Kassen klingeln werden.

Dass es ihm an Bescheidenheit mangelt, ist für die Vermittlung zwar ein Problem, aber in meiner Faszination blende ich das kurzerhand aus: Bescheidenheit würde nicht ins Bild passen. Mit seinem weltmännischen Aussehen und seinem eigensinnigen Charme überspielt er diesen Makel so geschickt, dass er damit durchkommt. Im Gegenteil, er macht ihn glaubwürdig, rede ich mir vorerst noch diesen wunden Punkt schön.

Wir sind also bereits seinen Werdegang durchgegangen und bei seinem Gehalt angelangt, als er mit seiner Berichterstattung über das Angebot der Management-Consulting-Firma von meiner Frage nach seinem derzeitigen Gehalt ablenkt.

Ich setze gerade zu der Frage an, warum er das Angebot noch nicht angenommen habe, wenn es schon so verlockend sei, als er mir wieder einen Schritt vorauseilt. »Was tut mein augenblickliches Einkommen zur Sache? Was bietet Ihr Kunde an?«

»Das ist ein berechtigter Einwand«, heuchle ich.

Ich muss das geschickt angehen, sonst erfahre ich es nie.

»Wissen Sie, es hat sich über die Jahre so eingebürgert, dass Arbeitgeber den Marktwert eines Kandidaten unter anderem mithilfe seines gegenwärtigen Einkommens abwägen, was nicht heißen muss, dass man diese Einschätzung bedingungslos akzeptiert. Jedes Angebot bietet wenigstens eine Verhandlungsgrundlage. Wenn Sie sich aber weigern, Angaben zu machen, und man Ihnen deshalb gar nicht die Chance bietet, sich überhaupt vorzustellen, dann erzielen wir überhaupt keine Offerte und haben nichts in der Hand.« Bewusst wähle ich das Wort »wir«. Er muss mich als Verbündete wahrnehmen. Bezöge ich mich nur auf ihn, wäre das eine Anklage, die er mir sicher verübeln würde. Das ist keine Manipulation. Wir sitzen wirklich im selben Boot.

Doch mein Versuch, mich mit ihm zu verbünden, zieht an ihm vorüber.

»Warum sollte das wichtig sein? Es geht nicht um meine Person, sondern um die Tätigkeit. Mit welchem Paket ist sie verknüpft?«

Die Hobbypsychologin in mir meldet zu Wort: Das ist eine Vertrauenssache. Der Kandidat ist misstrauisch, aus welchen

Gründen auch immer. Geh vom Thema vorläufig ab und konzentriere dich auf deine Beziehung zu ihm.

Unsinn, kontert der kleine Teufel, der sich noch immer an meiner Schulter festkrallt, der will bloß überschlau sein. Lass dich nicht einschüchtern.

Ich höre auf die Psychologin und entscheide mich für einen verschwörerischen Ton. »Mark, schauen Sie. Mein Ziel ist es, Sie zu vermitteln. Was immer das kosten mag. Dies ist ja auch nicht die einzige Stelle, die ich Ihnen eventuell anbieten könnte. Wie soll ich richtig einschätzen, was Sie ansprechen würde und was nicht? Es würde uns beiden nichts bringen, im Dunklen herumzutappen und eine Absage heraufzubeschwören.« Das ist zwar die Wahrheit, aber trotzdem ein Trick. Ich muss endlich wissen, was er meinen Kunden kosten würde. Ich kann meinem Auftraggeber vielleicht gerade noch sagen, dass der Kandidat mir momentan nicht die Erlaubnis gibt, das zu diskutieren, aber mit seinen Forderungen im Rahmen bleibt. Das zeugt zwar nicht gerade von meiner Kompetenz und kündigt unangenehme Verhandlungen an, aber es ist machbar. Aber keinesfalls kann ich sagen, dass ich es nicht weiß!

»Warum sagen Sie mir nicht einfach, was man bezahlt? Dann sage ich Ihnen, ob es mir zusagt oder nicht?«

Mir wird das Spielchen langsam zu bunt. Wer führt hier das Interview? Schnell ermahne ich mich, gefasst zu bleiben und mich endlich durchzusetzen.

»So läuft das nicht, Mark. Angebote auf Ihrer Ebene sind *immer* personenbezogen.«

»Verstehe. Das kläre ich dann mit dem Arbeitgeber.«

Ich muss die Richtung wechseln. »Kreative Konfrontation« ist angesagt. Ein Risiko, aber es bleibt mir keine andere Wahl. »Zu einem Gespräch mit meinem Kunden wird es nicht kommen, Mark, wenn wir nicht eng zusammenarbeiten. Ich verstehe Ihre

Argumentation, aber alles, was Sie mir sagen, wird vertraulich behandelt. Wenn Sie irgendwelche Auskünfte nicht weitergeben möchten, werde ich sie für mich behalten. Das muss ich sogar, aber momentan bestimme *ich*, wer in das Auswahlverfahren aufgenommen wird, und ich brauche diese Information, um eine Entscheidung treffen zu können. Bitte haben Sie Verständnis.«

Er zeigt keines. »Ich möchte mich nicht billig verkaufen.«

»Ich möchte Sie auch nicht ›billig verkaufen‹, Mark. Aber ich denke, es wäre angebracht, dieses Meeting zu vertagen, bis ich es geschafft habe, Ihren Respekt zu gewinnen. Was kann ich anders machen, damit Sie mir vertrauen?«

Plötzlich stößt er die Tür auf.

»Ich verdiene momentan 90.000 Euro[4].«

»Und was haben Sie sich für ein Ziel gesetzt?«

»120.000 Euro.«

Ich lasse mir nichts anmerken. Das ist vollkommen überzogen. Meist liegt die Vergütung einer neu zu besetzenden Stelle bei der, welche infrage kommende Bewerber bereits verdienen. Der Verhandlungsspielraum bewegt sich dann üblicherweise zwischen fünf und zehn Prozent. In absoluten Ausnahmefällen zwanzig Prozent. Es gibt Situationen, in denen ein Bewerber auch mal fünfzig Prozent mehr angeboten bekommt, aber das passiert ungefähr einmal in zehn Jahren und dafür gibt es immer bestimmte Hintergründe. Die Prahlerei, die man diesbezüglich manchmal im Freundeskreis zu hören bekommt, basiert fast nie auf der Wahrheit oder wirft, wenn sie tatsächlich wahr ist, unangenehme Fragen auf. Ich weiß, dass mein Kunde bei diesem beeindruckenden Hintergrund irgendwo zwischen 90.000 Euro und 93.000 Euro ansetzen würde, sollte ihm der Kandidat auch persönlich zusagen. Aber davon sind wir momentan noch weit entfernt. Die Chance, aus 90.000 Euro auf einen Schlag 120.000 Euro zu machen, ist so gering wie die auf einen Fünfer im Lotto.

»Gut. Ich nehme es zur Kenntnis«, sage ich und notiere den Betrag, als wäre er von größter Bedeutung. »Wie rechtfertigen Sie die dreißigprozentige Erhöhung?«

»Die Aufgabe, die Sie beschreiben, liegt meines Erachtens in diesem Rahmen.«

»Von dieser Einschätzung abgesehen, geben Sie mir noch ein paar Hinweise, womit ich aufwarten kann, um Ihnen unter diesen Voraussetzungen einen Vorstellungstermin zu vermitteln.«

»Leute wie ich werden händeringend gesucht.«

»Nennen Sie mir einen persönlichen Grund. Mit externen Faktoren arbeite ich in meiner Argumentation sowieso.«

»Außerdem bin ich seit sechs Jahren bei XYZ. Damit habe ich mir finanziell keinen Gefallen getan. Hätte ich öfter gewechselt, würde ich bereits weit mehr verdienen.«

Plötzlich klappt es wie am Schnürchen. Wir machen Fortschritte.

»Inzwischen habe ich meinem Ingenieursdiplom und meinem MBA auch ein MBL hinzuzusetzen.«

»Das stimmt, damit kann ich arbeiten. Was noch?«

»Ich habe jedes Jahr tadellose Beurteilungen von über neunzig Prozent.«

»Super. Was setzt Sie noch ab?«

»Unser Umsatz hat sich letztes Jahr um ein Drittel erhöht.«

»War das wegen Ihres Beitrags zum XYZ-Projekt, von dem Sie mir vorhin erzählt hatten?« Man möge mir die leitende Frage verzeihen!

»Ja.«

»Warum haben Sie das vorhin nicht erwähnt?«

»Man will nicht angeben.«

Wer's glaubt, wird selig. Ich unterdrücke ein prustendes Lachen mit Hilfe meines schlechten Gewissens. Das hätte ich nicht verpassen dürfen. Ich hätte auf die Umsatzsteigerung stoßen müssen, als er mir Kompetenzbeispiele offenbarte. Offensichtlich war ich zu abgelenkt von dem ganzen Drumherum dieses Kandidaten.

Damit ist jetzt Schluss!

»Mark, kommen wir noch einmal auf die Stelle zurück. Wie verstehen Sie die Aufgabe?«

Er gibt mir perfekt wieder, was von ihm erwartet würde. Seine Intelligenz und seine Fähigkeit, sich zu artikulieren, sind unbestreitbar. Mein Kunde wird begeistert sein.

»Interessiert Sie diese Herausforderung?« Ich hole Luft, um mich auf einen sarkastischen Kommentar vorzubereiten, aber ich muss diese Frage stellen. Sie ist Teil meiner Abschlussstrategie.

Der erwartete Zynismus bleibt aus. Er antwortet überraschend ehrlich. »Als Sie mich fragten, wie ich zu einem Umzug nach Port Elizabeth stünde, sagte ich ja bereits, dass die Eltern meiner Frau dort leben. Es wäre ihr Traum, näher bei ihnen zu sein. Und ich wäre natürlich auch gern an der Küste. Das wollte ich schon immer. Und Sie wissen ja, dass berufliche Chancen außerhalb Johannesburgs sehr begrenzt sind.«

Ich habe ihn so weit. Er liefert mir selbst *meine* stärksten Argumente. Nun muss ich aufpassen. Die raffinierte Formulierung der nächsten Frage ist sehr wichtig. »Ja, das stimmt. Verstehe ich Sie richtig? Wenn Sie diese Stelle in Johannesburg antreten würden, würden Sie mit einer Vergütung zwischen 90.000 und 120.000 Euro rechnen?«

»Keinesfalls unter 100.000!«

Nun bewege ich mich direkt auf den »Abschluss bis zum tiefsten Punkt« zu. Auf diese Methode haben mich US-Headhunting-Trainer bis zum Gehtnichtmehr gedrillt; die Investitionen meines Arbeitgebers in das Training machen sich bemerkbar. Marks Untergrenze liegt mit einem Schlag nicht mehr bei 120.000, sondern nur noch bei 100.000. Warum? Weil ich mich nicht mit den 120.000 auseinandersetzte, sondern mit dem gesamten Spielraum zwischen derzeitigem Einkommen und Zielgehalt. Wäre er nicht verhandlungswillig, hätte er mich sofort auf 120.000 zurückkorrigiert. Außerdem ist er kein Windowshopper. Von seinem aufrichtigen Wunsch zu wechseln bin ich überzeugt. Das Angebot der Unternehmensberatung hätte er nicht so beiläufig eingeflochten, wenn er ernsthaft im Gespräch wäre. Beflügelt und wieder voll konzentriert, bohre ich nun unverfroren weiter.

»Gut, also nehmen wir an, diese Stelle in Johannesburg würde mit 100.000 Euro vergütet. Zu welchen Abstrichen wären Sie bereit, um den Absprung an die Küste zu schaffen, wo ja auch die Lebenshaltungskosten und Gehälter niedriger sind?« Das ist eine Tatsache, die wohlbekannt ist.

»Annette, für viel weniger kann ich nicht arbeiten. Wir haben hohe Ausgaben, meine Frau müsste vorerst ihre Stelle aufgeben. Und ich möchte mich ja auch noch verbessern. Also unter 98.000 geht es nicht.«

»Wenn ich Ihnen zu einem Angebot über 96.000 Euro verhelfen könnte, würden Sie das annehmen?«

»Nein, das ist mir zu wenig.«

»Heißt das, Sie möchten es gar nicht hören? Wenn mein Kunde ein Angebot über diese Höhe unterbreitet – und das wäre immerhin eine Steigerung von 6.000 Euro mit der Chance, an die Küste zu kommen –, befugen Sie mich dann, es sofort abzulehnen?«

»Nein, ich möchte es mir schon noch überlegen.«

»Wie verhält es sich mit 95.000 Euro? Wollen Sie darüber überhaupt noch informiert werden?«

»Was ist das hier? Ein Basar? Was zahlen die denn?«

»Helfen Sie mir.«

»Nein, also bei 95.000 Euro brauchen Sie mich gar nicht anzurufen. Dann sollen sie sich einen anderen suchen.«

»Bei 95.500 Euro?«

»Auch nicht.«

Der Kandidat war auf 96.000 Euro »abgeschlossen«.

Ich wusste, mein Kunde würde ungern mehr als 90.000 Euro bezahlen, aber das war vorläufig mein Problem. Hätte ich das jetzt zur Sprache gebracht, hätte Mark seine Bewerbung eventuell auf der Stelle zurückgezogen. Das ist der Grund, warum sich Personalberater oft zieren, konkrete Gehaltsangaben zu machen. Es steht außer Frage, dass der Kandidat sich nie mit mir getroffen hätte, wenn er von Anfang an geahnt hätte, dass das Angebot unter seinem Zielgehalt von 120.000 Euro lag. Dennoch wurde ihm bei genauerer Überlegung und in Betracht der Umstände klar, dass er über ein Angebot von 96.000 Euro ernsthaft nachdenken würde. Hätte ich gleich von Anfang an gekontert, dass eine Forderung von 120.000 Euro absolut übertrieben sei, wären wir niemals so weit gekommen. Fest stand: Angebote unter 96.000 Euro waren für ihn uninteressant. Der Abschluss zum tiefsten Punkt garantiert natürlich keine Zusage, aber etabliert eine konkrete Untergrenze.

Die erste Hürde war überwunden, aber wir waren noch weit vom Ziel entfernt. Die fachlichen Fähigkeiten des Kandidaten standen vollkommen außer Frage, aber mein Kunde war ein Pragmatiker. Ein aufrichtiger Mensch, dem Spielchen missfielen, der Kompetenz hoch einschätzte und auch einen gewissen Anstand von seinen Managern erwartete. Marks forsche Art würde ihn abstoßen. Ich musste es zur Sprache bringen. Angetrieben von meinem bisherigen Erfolg und als ausgesprochener Nachtmensch trotz der späten Stunde hellwach, wagte ich einen Versuch.

»Mark, danke für Ihr Vertrauen. Sie sind zweifellos ein überaus begabter Ingenieur. Ihre Qualifikationen und Ihr Werdegang sprechen für sich. Das macht es mir leicht, Ihnen einen Termin zu beschaffen. Sind wir uns einig, dass ich meinem Kunden mitteile, dass Sie derzeit 90.000 Euro verdienen, aber 100.000 Euro anstreben, weil Sie lange nicht gewechselt haben[5] und inzwischen noch über ein MBL verfügen, was mein Kunde sehr schätzen wird, was aber von Ihrer Firma finanziell nicht anerkannt wird? Ich verspreche Ihnen, Mark, ich bringe Sie so nah wie möglich an die 100.000 Euro heran, aber keinesfalls stimmen wir unter 96.000 Euro zu. Sind Sie einverstanden?«

»Ich muss mir die Sache natürlich erst noch näher ansehen.«

»Selbstverständlich. Ich besorge Ihnen den Termin und Sie geben mir sofort zu verstehen, ob diese Aufgabe Ihren Vorstellungen entspricht. Wenn sie es tut, sind wir uns dann wegen des Geldes einig?«

»Ich bin es gewohnt, selbst zu verhandeln.«

»Gern, aber bedenken Sie, dass ich das Vertrauen meines Kunden genieße und es mir als unbeteiligte Dritte viel leichter fällt, zu verhandeln und für Sie zu sprechen. Nie kann sich ein Kandidat selbst so anpreisen wie ein Dritter. Es entstünde höchstens der Eindruck, dem Kandidaten mangle es an guten Manieren, was sich auch negativ auf ein Angebot auswirken könnte.«

»Also gut. Wie verbleiben wir jetzt?«

»Ich melde mich am Montag mit einem Termin.«

Das war's, dachte ich. Mark würde intelligent genug sein, sich mit seiner Angeberei zurückzuhalten, nachdem ich die diplomatische kleine Rüge so geschickt eingebaut hatte. Sehr zufrieden mit meiner Leistung, trat nun auch ich mein Wochenende an.

Am Montag tätigte ich lediglich einen kurzen Anruf und der Termin wurde festgesetzt.

Das Vorstellungsgespräch fand statt. Mark brillierte. Mein Kunde war begeistert. Mark ebenso. Auch der zweite Termin mit einer Fabrikbesichtigung in Port Elizabeth war ein Erfolg. Mein Kunde suchte damals Nachwuchstalente für seine Textilunternehmen, die aus wirtschaftlichen Gründen auf kostengünstige Provinzen des Landes verstreut waren. Es war geplant, diesem Stelleninhaber irgendwann die gesamte Geschäftsführung der Zweigstelle in Port Elizabeth anzuvertrauen, und er musste aus diesem Grund rundum kompetent sein. Eric fand, dass Mark in jeder Hinsicht diesen Anforderungen entsprach. Bis auf eine klitzekleine Sache.

Nach einer anfänglichen Lobeshymne schloss Eric mit der Frage ab: »Mark erscheint mir sehr eingebildet. Das habe ich schon beim ersten Interview gemerkt. Ist Ihnen das nicht aufgefallen?«

Verdammt, er hat's verpatzt!

Natürlich musste ich bei der Wahrheit bleiben. Doch, es sei mir aufgefallen. Was Mark bräuchte, sei ein Mentor, beteuerte ich. Daran und an bestimmten Erfahrungen mangle es Mark, aber er zeige sich in jeder Hinsicht einsichtig, wenn man sich vernünftig mit ihm unterhalte. Eine gewisse Unsicherheit, seine akademischen Fähigkeiten praxisgerecht einzusetzen, vertusche er wohl damit, ein bisschen anzugeben. Auch sei sein Benehmen auf seinen Mangel an Interviewerfahrung zurückzuführen, er sei doch eigentlich sehr sympathisch. Bla Bla. Ich redete und redete, verkaufte und verkaufte.

»Mag sein, aber es macht mir schon Sorgen. Seine protzige Art passt nicht in meine Firmenkultur. Er wird es sich mit Mitarbeitern und Kunden verderben, wenn er so auftritt. Von den Gewerkschaften ganz zu schweigen.«

»Bei der Referenzüberprüfung wurde das zwar nicht erwähnt, aber ich werde noch mal bei dem Arbeitgeber seiner vorletzten

Position nachhaken und ihn gezielt darauf ansprechen. Für alle Fälle.«

Das hätte ich gleich machen sollen!

»Ja, danke. Ich glaube, ich lade ihn und seine Frau im Beisein von meiner Frau zum Essen ein. Rita hat ein untrügliches Gespür für solche Sachen.«

»Ja, ein wenig weibliche Intuition kann nie schaden«, pflichtete ich ihm bei. Ich freute mich über eine weitere Chance. Gleichzeitig ärgerte ich mich maßlos darüber, davon ausgegangen zu sein, dass Mark meinen dezenten Wink verstanden hätte. Ich würde ihn mir vorknöpfen. Und diesmal würde ich mich klarer ausdrücken.

Ich rief Mark sofort an und gab ihm das Feedback, dass Interesse bestünde und ein Abendessen angesagt sei. Dann fragte ich ihn direkt: »Mark, ich weiß, Sie sind prinzipiell interessiert. Aber konkret: Auf einer Skala von eins bis zehn – eins bedeutet, die Position ist überhaupt nichts für Sie, zehn heißt, Sie würden sich mit hundertprozentiger Begeisterung in die Aufgabe stürzen –, wo stehen Sie?«

»Bei acht.«

»Woran hapert's bei den fehlenden zwei Punkten?«

»Wir haben immer noch nicht übers Geld gesprochen.«

»Überlassen Sie das mir, Mark. Nehmen wir an, finanziell entspricht das Angebot Ihren Vorstellungen, wo tut's noch weh?«

»Ich fühle mich ehrlich gesagt ein bisschen überfordert. Die Arbeiter werden von drei verschiedenen Gewerkschaften vertreten, damit habe ich keine Erfahrung. Die Textilindustrie ist sehr schnelllebig. Ja, ich finde die Technologie spannend, doch ich bin mit Textilanlagen vertraut, nicht mit den alltäglichen Herstellungsabläufen selbst. Ich bin Maschinenbauer, kein Betriebsingenieur. Die Führung dieser Belegschaft, die bisher sehr militant Geschichte geschrieben hat, macht mir schon ein wenig Kopfzerbrechen.«

»Das macht Eric auch Sorgen, aber gerade aus diesem Grund strebt er die Modernisierung der Fertigungsstraßen an. Und zur Umsetzung dieses riesigen Investments kommt ihm Ihr Hintergrund wie gerufen. Denken Sie nur an die Entscheidungsfreiheit, die er Ihnen gewähren wird. Eric hat sich in den letzten dreißig Jahren vom kleinen Textildrucker zu einem Großunternehmer in der Textilherstellung hochgearbeitet. Für die technische Umsetzung seiner Pläne würde er Ihnen voll vertrauen. Klar müssten Sie sich auch mit dem Tagesgeschäft herumschlagen, aber bedenken Sie die spannende Hauptaufgabe, die Reisen nach Deutschland, in die Schweiz, nach Asien, die Verhandlungen mit den Maschinenherstellern, die Zusammenarbeit mit den renommierten europäischen Projekthäusern. Sie säßen am anderen Ende des Tisches, Sie wären jetzt der Kunde. Das wäre ein gigantischer Karrieresprung. Wie reizvoll wäre das für Sie?«

»Natürlich wäre das gut für meine Karriere. Das sagt meine Frau auch. Weg von der Technik, voll ins Management.«

»Trauen Sie sich das denn zu?«

»Selbstverständlich.«

»Also dann?«

»Sie haben recht. Wenn das Geld stimmt, bin ich dabei.«

»Das Geld regle ich schon. Kommen wir noch mal auf die Aspekte der Menschenführung zurück. Mark, für wie lernfähig halten Sie sich?«

»Soll das ein Witz sein? Ich habe Summa cum laude. Damit bin ich zur Promotion zugelassen.«

»Ich spreche jetzt nicht von Ihren akademischen Leistungen. Die haben Sie bisher sehr weit gebracht. Das steht außer Frage. Ich rede von Ihrer Lernbegierde im Bereich des Menschlichen, des praktischen Umgangs mit den Herausforderungen des Alltags.«

»Meine Frau meint, ich sei rundherum talentiert.«

»Ich bin sicher, sie bewundert Sie sehr. Und wie schätzen Sie sich selbst ein?«

»Auch gut.«

»Woran erkennen Sie Lernfähigkeit bei anderen Menschen, zum Beispiel Kollegen, die weniger erfahren sind?«

»Sie hören zu, wissen nicht alles besser, lassen sich beraten.«

»Wie gern lassen *Sie* sich beraten?«

»Habe ich mich von Ihnen nicht beraten lassen?«

»Doch, das haben Sie, Mark, und bitte interpretieren Sie meine Fragen nicht als Angriff. Ich merke, ich habe Sie ein bisschen dazu genötigt, sich verteidigen zu müssen. Das war absolut nicht meine Absicht. Ich stimme Ihnen zu, Sie sind sehr offen, was meine Vorschläge betrifft.«

»Eben.«

»Mark, das war nicht immer so. Ich fand es anfangs sehr schwer, Sie von einer Zusammenarbeit mit mir zu überzeugen. Klar, das legte sich schnell, aber glauben Sie mir, auch ich habe meinen Teil dazu beigetragen, dass wir so weit gekommen sind. Wenn Sie mit einer misstrauischen Belegschaft arbeiten müssen und der erste Eindruck fehlschlägt, haben Sie vielleicht nie die Chance, dass man Sie wirklich kennenlernt. Wenn man sehr viel Intelligenz, Kompetenz und Begabung mitbringt, fühlen sich Menschen mit wenig Selbstvertrauen oft eingeschüchtert. Eric hat ein sehr gutes Gespür dafür, wie seine Mitarbeiter auf den neuen Leiter reagieren werden. Und ehrlich gesagt befürchtet er, dass Sie zu stark auftreten könnten.«

»Davon hat er nichts erwähnt.«

»Ich sage es Ihnen jetzt. Denken Sie, es ist Ihnen möglich, Eric bei dem nächsten Gespräch davon zu überzeugen, dass Sie offen wären, sich von ihm in diesem Bereich anleiten zu lassen? Er wäre der perfekte Mentor für Sie.«

»Ich hätte ihn sogar sehr gern als meinen Mentor.«

»Dann sagen Sie es ihm. Sprechen Sie einfach offen darüber, dass Ihnen noch etwas Erfahrung fehlt, was Personalverantwortung auf dieser Ebene betrifft. Es wird Sie nicht schwächen, sondern stärken, offen damit umzugehen. Es ist ja auch die Wahrheit. Er hat es bereits erkannt und ist trotzdem an der nächsten Runde interessiert. Wenn er sicher sein kann, dass Sie Ihre Fähigkeiten in dieser Richtung ergänzen *möchten,* wird er wissen, dass Sie es auch *können,* und die letzte Skepsis wäre aus dem Weg geräumt. Schaffen Sie das?«

»Ich denke schon.«

»Möchten Sie das denn?«

»Ja ich weiß, Sie haben recht.«

»Gut, dann bringen wir jetzt den nächsten Termin über die Bühne.«

»Was soll ich sagen, wenn er mir ein Angebot unterbreitet?«

»Wird er nicht. Nicht bei diesem Abendessen.«

»Ich muss wirklich langsam wissen, wie viel Geld er hinlegt. Warum macht man so ein Geheimnis daraus? Das ist unprofessionell.«

»Sind wir noch bei einem Minimum von 96.000 Euro oder hat sich etwas verändert?« Das ständige Überprüfen der Gehaltsvorstellung ist sehr wichtig. Man macht das bei jeder sich bietenden Gelegenheit. Tut man es nicht, erlebt man regelmäßig böse Überraschungen.

»Ich hätte schon gern mehr.«

»Wenn Eric einen Vertrag für 96.000 Euro aufsetzen will, soll ich ihm also sagen, dass er es gleich lassen kann?«

»Nein, ich würde es mir anschauen.«

»Dann überlassen Sie die Verhandlung mir, okay?«

»Alles klar.«

Das Essen lief gut, Mark benahm sich vorbildlich. An Charme hatte es ihm ja noch nie gemangelt, wenn er sich dazu entschloss, ihn spielen zu lassen. Nun ging es also ums Ganze: Die Gehaltsverhandlung mit dem Kunden stand an.

Eric teilte mir mit, er wolle Mark ein Angebot unterbreiten. Da wir nicht das erste Mal zusammenarbeiteten, beteiligte er mich von Anfang an der Sache. Es ist sehr wichtig für einen Headhunter, sich so viel Vertrauen zu erarbeiten, dass er von beiden Parteien in die Diskussion einbezogen wird. Sonst wird er zum Zuschauer und sieht den Abschluss nicht selten gnadenlos an sich vorbeiziehen. Oft, sehr oft werden die Verhandlungen aus irgendwelchen irrationalen Gründen abgebrochen, und immer zum Bedauern aller Beteiligten. Wer einmal von einem kompetenten Personalberater während der Gehaltsverhandlung betreut wurde, wird sie ungern wieder in die eigenen Hände nehmen. In keinem mir bekannten Fall hat der Personalberater das vermasselt, *wenn er wirklich zu hundert Prozent von beiden Mandanten involviert wurde.* Sehr viele Fälle sind mir bekannt, bei denen die Verhandlung zwischen potenziellem Arbeitgeber und einem Arbeitnehmer im Alleingang scheiterte.

Eric druckste schon von Anfang an herum. Mark läge mit seinen 90.000 Euro schon an der Obergrenze. »Würde er für das Gleiche wechseln, zum Anfang?«

»Nein, das würde er sicher nicht. Das können wir doch auch nicht verlangen.«

»Ja, aber die Gewerkschaften, die Leiter der anderen Fertigungsstätten … Mehr ist nicht drin. Was ist denn sein Minimum?«

»So ambitioniert Mark mit seinem Studium und seiner Karriere bislang war, so ernst nimmt er es auch mit der Vergütung. Unsere anfängliche Diskussion bewegte sich um die 120.000 Euro.«

»Ist er wahnsinnig?«

»Ich finde 120.000 Euro auch viel, aber er ist ein außergewöhnlicher Kandidat – in jeder Beziehung. Außerdem reagierte er sehr vernünftig auf meine Beratung. Gehen wir mal von 100.000 Euro als gerechtfertigte Forderung aus. Ist das irgendwie machbar?«

»Annette, das geht nicht. Dann können wir gleich alles abblasen.«

»Eric, wo soll ich denn einen zweiten Mark auftreiben? Ich habe doch in den letzten Wochen alles durchforstet. Er kann den Job, will den Job, wird ihn sicher gut machen. Er ist umzugsbereit, familiär stabil. Ganz abgesehen von seinem Entwicklungspotenzial. Selbst wenn ich einen annähernd guten Kandidaten präsentieren könnte, würden wir uns doch gleich wieder mit demselben Problem herumschlagen.«

»Ich kann auf 93.000 gehen, mehr ist nicht drin.«

»Warum nicht?«

»Das habe ich bereits erklärt. Ich kann das Budget nicht überschreiten.«

»Eric, haben Sie schon einmal eine Ausnahme gemacht, was das Einstellungsbudget betrifft?«

»Natürlich. Ich mache ständig Ausnahmen.«

»Betrachten wir Mark einmal als einen Ausnahmefall. Was Ihre Sorge bezüglich der Gewerkschaften betrifft: Wissen die denn, was das Management verdient? Sie sind doch keine börsennotierte Firma.«

»Irgendwie kriegen die alles mit. Ich hätte gleich wieder einen Aufstand.«

»Aber 93.000 bekämen Sie durch?«

»Ja.«

»Sie erwähnten auch die Manager der anderen Fertigungsstätten. Wurden diese Einstellungen lokal durchgeführt oder kamen diese Leiter auch aus Johannesburg?«

»Das waren Lokaleinstellungen oder interne Beförderungen. Warum fragen Sie?«

»Ich überlege mir eine Lösung. Hat einer dieser Kollegen ähnliche oder bessere Qualifikationen?«

»Das sind gute Leute, aber an Marks Qualifikationen reichen sie nicht heran. Es gibt hier kaum Textilmaschinenbau-ingenieure. Deshalb brauche ich Mark ja.«

»Eric, wenn es nicht um Kollegen und Gewerkschaften und Budgets ginge: Finden Sie, er wäre mehr wert als 93.000?«

»Im Prinzip schon, aber mir sind die Hände gebunden, Annette.«

»Denken Sie, 100.000 wären gerechtfertigt?«

»Na na, das ist ja nun wirklich übertrieben.«

»Wo sehen Sie seine Grenze? Nicht Ihre, Eric. Seine.«

»Aus seiner Sicht würde ich zwischen 95.000 und 97.000 an-setzen, aber bei mir kann er das nicht erwarten. Ich muss noch viel in ihn investieren.«

»Werden Sie Mark irgendwann einsetzen, um auch die anderen Betriebe zu modernisieren?«

»Das ist geplant, aber nicht in den nächsten drei Jahren. Ich sehe, worauf Sie hinauswollen. Wir könnten die Position von Anfang an erweitern.«

»Zum Beispiel könnten wir doch eine zweigleisige Stelle kreieren. Er wird Betriebsleiter für Port Elizabeth und Technischer Leiter für die gesamte Gruppe.«

»Dem stünde nichts im Wege.«

»Wären Sie bereit, ihm einen Umzugszuschuss zu ge-währen?«

»Wir bezahlen den gesamten Umzug.«

»Ich meine damit eine zusätzliche Leistung. Eine einmalige Auszahlung und vielleicht ein kleiner monatlicher Ausgleich für den Verlust, den er erleidet, weil er eine Stelle außerhalb Johannesburgs annimmt? Das können Ihre lokalen Manager nicht bemängeln, auf sie trifft es ja nicht zu.«

So gelang es uns, nach und nach das folgende Paket für Mark zu erarbeiten:

- ✎ Grundgehalt: 90.000 €
- ✎ Zuschuss Reisetätigkeit: 3.000 €
- ✎ Zuschuss Aufgabe Technischer Leiter: 3.000 €
- ✎ Wohnungszulage im ersten Jahr: 1.000 €
- ✎ Einmaliger Umzugszuschuss: 3.000 €, in voller Höhe rückzahlbar, würde er das Unternehmen innerhalb von 12 Monaten wieder verlassen.
- ✎ Garantierte Gehaltserhöhung bei bewiesenen Erfolgen nach Jahr eins: Minimum von 4.000 €

Also 97.000 € Fixum im ersten Jahr plus 3.000 € Umzugszuschuss, 100.000 € im zweiten.

Das war der »Abschluss zum höchsten Punkt«. So hatte ich jetzt einen Kandidaten, der ein Angebot für 96.000 Euro erwartete, aber eines für 100.000 bekommen würde.

Auch Eric war zufrieden. Er konnte sich Mark für das erste Jahr sichern, ohne die befürchteten Probleme heraufzubeschwören. Und im zweiten Jahr war sein Risiko minimiert, weil sich bis dahin zeigen würde, was Mark zu leisten imstande war.

Bei dieser Verhandlung gab es nur ein kleines Problem: die moralische Verantwortung meinem Kunden gegenüber. Ich vertrete beide Parteien, bin beiden gegenüber gleich verpflichtet. Ein ethisches Problem kann sich allerdings sehr leicht lösen, wenn man den Mut dazu hat: Man spricht sein Dilemma offen an. Hinzu kommt in meinem Falle, dass ich ein schlechter Pokerspieler bin und mit jedem meiner versuchten Bluffs bisher auf die Nase gefallen war. Also keine Tricks. Bevor ich das Angebot dem Kandidaten unterbreitete, bot ich Eric folgenden Ausweg:

»Eric, ich finde, das ist ein attraktives Paket, und ich bin sicher, Mark wird es annehmen. Er möchte die Stelle so gern, dass er sie eventuell für 96.000 angenommen hätte. Ganz sicher bin ich mir jedoch nicht, wir wären ein Risiko eingegangen. Und eine Verhandlung nach einer Ablehnung ist immer ein Drama. Überzeugt bin ich allerdings davon, dass er enttäuscht wäre und von Anfang an Ihrem Unternehmen mit negativen Gefühlen gegenübergestanden hätte. Und vielleicht wäre er auch wieder abgesprungen, wenn er alles noch mal durchkalkuliert und gemerkt hätte, dass es nicht reicht, weil seine Frau vorerst ihre Stelle aufgeben muss. Sie können also das Angebot noch mal überdenken, wenn Sie dieses Risiko eingehen wollen.«

»Nein, Annette, das Geld habe ich schon abgeschrieben, wir bleiben dabei. Unterbreiten Sie es verbal und lassen Sie mich wissen, wie er dazu steht, dann lasse ich den Vertrag aufsetzen.«

Ohne zu zögern nahm Mark das Angebot an und trat seine Stelle an. Nie hörte ich irgendetwas Negatives, aber irgendwann verlor sich der Kontakt. Mark beauftragte mich nie, wenn er Einstellungen vornehmen wollte, sondern wandte sich ausschließlich an lokale Agenturen in seiner neuen Stadt. Nur auf hoher oder technischer Ebene ist das Geschäft hier überregional. Für seine Fabrik suchte er nie jemanden aus meiner Provinz.

Das war vor sechzehn Jahren.

Mein Kunde Eric zog sich immer mehr aus der Geschäftswelt zurück. Hin und wieder telefonierten wir privat. Einmal bat ich ihn darum, meinen ersten Verlagsvertrag für einen geplanten Karriereratgeber durchzulesen, denn er besaß damals eine kleine Nebenfirma, war Drucker und Herausgeber von industriellem Fachmaterial und hatte gute Kontakte zur Verlegerwelt. Ich erinnere mich, dass er gar nicht mit den diversen Bedingungen einverstanden war und mir anbot, einen Kontakt mit seinem Anwalt herzustellen, der sich mit Verlagsverträgen auskannte. Ich lehnte ab, stiefelte aber mit seinen Einwänden zum Verlag, um zu »verhandeln«, biss auf Granit und unterschrieb zähneknirschend jede einzelne Kondition. Zu verlockend war es für mich, bei diesem großen Verlag zu veröffentlichen.

Das Leben ist doch manchmal spannend. Während ich an dem Manuskript für dieses Buch arbeitete, erhielt ich überraschend einen Anruf von Eric. Längst war er im Ruhestand, aber an diesem Tag rief er mich an, weil sich sein Sohn beruflich verändern wollte und er mich um eine Bewerbungseinschätzung bitten wollte. Wir verabredeten uns zum Mittagessen in seinem Stammlokal und verbrachten einen nostalgischen Nachmittag miteinander.

Mark, erzählte mir Eric, lebe nach wie vor in Port Elizabeth, aber er reise viel, denn er sei mittlerweile zum Vorstand der gesamten Gruppe avanciert. Er sei noch mit der gleichen Frau verheiratet, habe fünf (5!) Kinder, es gehe ihm gut.

»Mark war der beste Griff, den ich je gemacht habe«, gestand mir Eric an diesem Tag.

»Dabei hatten wir so viel Hin und Her mit dem Gehalt. Erinnern Sie sich?«

»Ja, allerdings hat er mich schnell nach oben gedrückt, der Schlaumeier, sobald sich die ersten Erfolge einstellten. Aber er war – und ist – jeden Cent wert.«

»Wie viel verdient er denn jetzt?« Ich darf das fragen, ich bin ein Headhunter!, dachte ich.

»Viel zu viel«, lachte Eric, offensichtlich anderer Meinung über meine Indiskretion.

»Nein, im Ernst.«

»Annette, er ist durch unseren Börsengang 2003 ein reicher Mann geworden. Und er hat es sich redlich verdient. Prost!«

»Prost, Eric. Auf Mark.«

»Auf Mark.«

Hintergrund

Die Einstellung eines Top-Kandidaten ist eine heikle Angelegenheit, so zerbrechlich wie böhmisches Glas. Mehrmals hätte dieses Verfahren scheitern können, etwa durch Marks unnötig komplizierte Art, sich dem Interviewprozess entgegenzustellen, durch meine eigenen Irritationen, Marks Angeberei oder Erics anfängliches Sträuben, ihn entsprechend zu vergüten. Marks Frau machte in diesem Fall zwar keine Probleme, aber ein willensstarker Ehepartner, auf dessen Meinung viel Wert gelegt wird, ist immer eine Gefahr, weil sich die privaten Paargespräche einer Beeinflussung von außen entziehen.

Aber alle wirklich großen Deals sind schwierig. Das gehört dazu. Meist bleibt die Hintergrundarbeit verborgen. Das soll sogar so sein, sonst käme es nie zum Abschluss. Trotzdem glaube ich, dass wahrgenommen wird, was ein Headhunter leistet. Wie sonst könnte man so langjährige Beziehungen schließen und bekäme nach vielen Jahren einen Anruf von einem ehemaligen »Verbündeten«, der seinen Sohn in guten Händen wissen will und dem dabei nur ein Name einfällt? Der Name der Person, mit der er seinerzeit Seite an Seite kämpfte, um seinem Unternehmen eine erfolgreiche Zukunft zu sichern. Durch einen Top-Kandidaten wie Mark.

Wenn Sie sich bei einer Gehaltsverhandlung selbst vertreten, fallen Sie nicht auf die gewöhnliche Taktik herein – spielen Sie nicht »hard-to-get«. Drehen Sie es um. Geben Sie zu verstehen, wir gern Sie die Stelle antreten möchten, wie sehr Sie sich darauf freuen, zum Erfolg des Unternehmens beizutragen, flechten Sie ein, wie Sie denken, das zu bewerkstelligen. Hinterlassen Sie nie den Eindruck, Sie hätten es nicht nötig, das Angebot zu akzeptieren. Beteuern Sie, im Gegenteil, wie schmerzhaft es für Sie wäre, die Stelle nicht antreten zu *können*, weil das Geld einfach nicht reicht. Dabei wählen Sie keinesfalls einen unterwürfigen Ton, sondern einen sachlichen. Natürlich nur, wenn es stimmt. Immer nur, wenn es stimmt. Unaufrichtigkeit wäre pure Manipulation und von Arbeitgebern sofort durchschaut. Bemühen Sie sich aktiv um die Lösung des Problems. Wenn am Grundgehalt nicht zu rütteln ist, prüfen Sie folgende Möglichkeiten:

- Projekt- und Erfolgsboni
- Fünfzehn statt nur vierzehn Gehälter: Wenn ein Unternehmen vierzehn Gehälter bezahlt, sagt das etwas über seine Vergütungsstrategie aus. Setzen Sie dort an. Wer vierzehn Gehälter bezahlt, zahlt eventuell auch mehr, sofern die Voraussetzungen erfüllt werden.
- Gehaltserhöhung nach der Probezeit oder nach dem Erreichen bestimmter Zielvorgaben
- Umzugszulagen
- Zuschüsse für Auto, Telefon, Laptop oder etwa eine Tagesmutter. Lassen Sie sich etwas einfallen. Arbeiten Sie mit, geben Sie sich nie passiv. Werden Sie zu Ihrem eigenen Advokaten.
- Einstellungsbonus, auch »sign-on bonus« genannt – nach amerikanischem Beispiel handelt es sich hierbei um eine einmalige Auszahlung, um den Kandidaten vom derzeitigen Arbeitgeber wegzulotsen. Das ist hauptsächlich in der Finanzbranche üblich, kann aber auch auf andere Berufszweige erweitert werden, solange sich beide Parteien einig werden. Wenn kein Headhunter im Spiel ist, argumentieren Sie damit, dass sich die Firma das Rekrutierungshonorar spart.

Vermeiden Sie den Bezug auf das, was Sie nicht wollen, konzentrieren Sie sich bei der Verhandlung auf Ihr Ziel, auf das, *was* Sie wollen. Notfalls greifen Sie auf die Erklärung zurück, dass Sie die Position gern antreten würden, Ihnen aber unter diesen Voraussetzungen die Hände gebunden sind.

Bleiben Sie sachlich. Die Emotion muss bei einer Verhandlung ausgeschaltet bleiben. Das ist einer der Gründe, warum Dritte besser verhandeln.

Sprechen Sie langsam. Das verleiht Ihnen mehr Autorität und gibt dem Gesprächspartner die Möglichkeit, selbst vernünftig mitzudenken. Lernen Sie von Politikern: Setzen Sie Ihre Sprechpausen an den wichtigen Stellen an, nicht wo die Interpunktion es vorschreibt.

Argumentieren Sie nicht mit den Gehältern Ihres Kollegen- oder Bekanntenkreises oder der Größe Ihrer Familie.

Überlegen Sie sich gut, ob Sie Ihre Ausgaben ins Spiel bringen. Bei einer Gehaltsverhandlung geht es dem zukünftigen Arbeitgeber um den Wert, den Sie in das Unternehmen einbringen können, nicht um Ihre persönliche Finanzlage.

Sagen Sie nicht, dass Sie in den letzten fünf Jahren keine einzige Gehaltserhöhung bekommen haben, dass Sie dreimal hintereinander bei einer Beförderung übersprungen wurden oder dass Ihr Chef zu dumm oder zu geizig ist, Ihren wahren Wert anzuerkennen.

Benutzen Sie kurze Sätze, einfache Wörter. Hüten Sie sich vor grammatikalisch verzwickten oder melodramatischen Plädoyers.

Wenn Sie als Frau eine sehr hohe Stimme haben, bemühen Sie sich, diese um einige Oktaven zu senken, um Ihrer Stimme mehr Gewicht zu verleihen. Trinken Sie dazu, wie die Teilnehmer von Talkshow-Runden, vor wichtigen Sätzen einen kleinen Schluck Wasser – das senkt die Stimmlage. Oder wiederholen Sie kurz vor Gesprächsbeginn mehrmals die folgende Sprachübung: »An Arthurs Vaters Angel baumelt ein Jaguar.«

Lassen Sie nie einen Dritten für Sie verhandeln, der mit der Einstellung nichts zu tun hat. Also keine Ehefrauen, keine Ehemänner, Mütter, Väter, Geschwister, Pfarrer oder sonstige Helfer und Gönner. Das gilt auch für Agenten, Makler oder Personalvermittler, die plötzlich auf der Bildfläche erscheinen. Wenn Sie sich für einen Alleingang entschieden haben, bleibt es dabei.

Verhandeln Sie nie aus Prinzip, aus Misstrauen, weil Sie etwas beweisen wollen oder denken, dass Ihnen womöglich etwas entgeht. An einem fairen Angebot muss man nicht herumfeilschen. Nehmen Sie es an und freuen Sie sich über die dadurch zum Ausdruck gebrachte Wertschätzung.

Geben Sie sich weder »gehorsam« noch widerborstig. Ein Arbeitgeber wird immer versuchen, Arbeitnehmer so günstig wie möglich »einzukaufen«. Das muss er sogar, um wirtschaftlich zu bleiben. Nehmen Sie es nicht persönlich. Ein kluger Arbeitgeber ist ja auch für Sie von Vorteil, wenn Sie Teil des Unternehmens sind.

Scheuen Sie sich nicht vor einer Verhandlung. Im schlimmsten Fall blitzen Sie ab, aber das Angebot wird nicht widerrufen, nur weil Sie sich darüber unterhalten wollen.

Sicher kann ein sehr niedriges Angebot Sie kränken. Das ist menschlich. Aber die Zeiten der Duelle sind vorbei. Nur mit Vernunft kann man heute sein Einkommen verbessern.

Auch wenn *Sie* pokern können: Bleiben Sie bei diesen kritischen Verhandlungen in jedem Fall sachlich und aufrichtig.

Und das Allerwichtigste: Setzen Sie sich eine geheime Untergrenze. Lösen Sie sich im Vorfeld innerlich von der Arbeitsstelle für den Fall, dass diese Grenze unterschritten wird. Das macht Sie glaubwürdig und standfest, ohne dass Sie diese Untergrenze offiziell bekanntgeben müssen.

Ein letztes Wort an die Arbeit*geber*: Gute Kandidaten, sind *immer* teuer – genau wie gute Headhunter.

8

»Es ist immer ratsam, das Gespräch eines Headhunters anzunehmen«

Joseph Daniel McCool,
Firmeninhaber, Autor, Management Consultant, Boston, USA,
erzählt von Annette Kinnear,
basierend auf einem Interview vom September 2012

Joseph Daniel McCool ist eine global angesehene Autorität in Executive-Search-Kreisen. Er hilft Einstellungsentscheidern bei der Auswahl eines geeigneten Headhunters für bestimmte Aufträge, berät bei Vertragsverhandlungen mit ihnen und verfolgt die Erfolgsraten des beauftragten Personalberaters mithilfe von selbst entwickelten Messverfahren hinsichtlich der Auswirkungen seiner Arbeit auf den Erfolg des Unternehmens.

Gemessen werden Geschwindigkeit, Effizienz und die Vielfalt der angebotenen Kandidaten. Außerdem werden die eingesetzten Strategien beurteilt.

Die Fachzeitschrift *Business Week* und die globale Executive-Search-Branche haben Joe McCool öffentlich zu *der* Headhunting-Autorität schlechthin erklärt. Außerdem ist er der Autor von *Deciding Who Leads – How Executive Recruiters Drive, Direct and Disrupt the Global Search for Leadership Talent*, erschienen 2008 bei Davies-Black Publishing.

Joe McCool erklärt, dass die Einsparung der Kosten einer schlechten Einstellungsentscheidung bei Führungskräften ein wesentlicher Mehrwert des Honorars ist, das einer Personalberatung bezahlt wird. Aus diesem Grund sehen viele Firmen einen starken Partner in der Personalberatung als gute Investition.

Die Besetzung einer Führungskraft hat nicht selten finanzielle Konsequenzen in Millionenhöhe. Börsenkurse steigen und fallen nach der Benennung eines neuen Chefs. Headhunter spielen dabei eine wichtige Rolle, weil sie täglich dem externen Markt ausgesetzt sind. Sie sind nicht von den internen Faktoren eines Arbeitgebers abhängig, sondern bieten eine objektive Perspektive auf die Industrie und die Funktion des Auftrags. Sie bedienen sich einer Vielfalt von Methoden und haben oder verschaffen sich Zugang zu Kandidaten, die dem Auftraggeber unbekannt sind. Es ist leicht für sie, die Telefonnummern von Menschen anzuwählen, sich mit ihnen in Verbindung zu setzen und auszutauschen. Eine solche Reichweite kann ein Arbeitgeber kaum im Alleingang entwickeln. Technologische Fortschritte machen es jedem möglich, Personen anzupeilen. Aber eine Zielperson in einen Kandidaten für eine bestimmte Rolle zu verwandeln, ist es, was einen Executive Search Consultant wertvoll macht.

Headhunter streben nicht den Kontakt mit Arbeitssuchenden an. Sie machen das Gegenteil. Sie werden dafür bezahlt, hochkarätige Superstars der jeweiligen Industrie aufzurütteln und sie davon zu überzeugen, ein neues Angebot in Erwägung zu ziehen, das ihren Ambitionen und der Entwicklung des neuen Unternehmens dient.

Personalberater sind in der Lage, dem Kandidaten Perspektiven zu eröffnen. Ein Arbeitgeber kann lediglich für seine Firma sprechen oder den Arbeitsplatz beschreiben, ein Executive Search Consultant jedoch kann den Kandidaten beraten und ihm Einsicht in die Wettbewerbsfähigkeit des Unternehmens geben. Mit diesen Hintergrundinformationen fühlen sich Kandidaten bei dem mit einem Karrierewechsel verbundenen Risiko sicherer. So gestalten sie den Rekrutierungsprozess auf eine Art, die bei einer Direkteinstellung gar nicht möglich ist.

Joe muss oft feststellen, dass globale Unternehmen nicht verstehen, wie viel Geld für Executive Search ausgegeben wird. Dies ist ein sehr teurer Geschäftsvorgang und trotzdem werden, laut Joe, diese Ausgaben für Führungskräfte von den zuständigen Hierarchien meist nicht genügend beachtet.

Soziale Einflüsse spielen beim Headhunting eine zentrale Rolle und kluge Manager wissen, wie wichtig es ist, eine Beziehung zu einem Headhunter aufzubauen, bevor sie ihn tatsächlich brauchen. Headhunting ist ein rätselhafter Beruf, der neugierig macht. Sehr oft engagieren Top-Manager einen Headhunter, um eine Suche für ihr Unternehmen zu starten. Dabei haben sie den Hintergedanken, sich mit ihm zu verbinden, um selbst vermittelt zu werden, wenn es an der Zeit ist. Es würde ihnen sehr schwerfallen, einen Headhunter lediglich zu bitten, sie auf geeignete Herausforderungen aufmerksam zu machen. Headhunter werden mit solchen Anfragen überflutet, aber ihr einziges Ziel ist es, sich mit dem Auftrag des Kunden zu befassen. Daher ist die frühe Kontaktaufnahme die übliche Herangehensweise von Top-Managern.

Leider sind Beziehungseinstellungen ein großes Problem in der Industrie. Viele falsche Entscheidungen resultieren aus der gemütlichen Beziehung, die zwischen dem Headhunter, dem Vorstand und anderen Entscheidungsträgern besteht. Aber wenn etwas schief geht, blicken die wenigsten zurück und forschen nach: »Warum haben wir bloß diese Person eingestellt?« Die Verbindung zwischen den Parteien hat gegen alle Vernunft verstoßen und die Anwendung fundierter Entscheidungsprinzipien verhindert. Immer wieder muss Joe McCool beobachten, dass freundschaftliche Zuneigung die Auswahlverfahren beeinflusst. Fast niemand untersucht forensisch, wie die Entscheidung zustande kam, und niemand wird verantwortlich gemacht. Aktionäre haben keinen Zugang zu den nötigen Informationen, um tief genug graben zu können und den Einstellungsfehler zu enthüllen. Das Schlimmste daran ist: Wenn eine unfähige Führungskraft das Unternehmen verlässt, verkünden die Presseveröffentlichungen, dass die Person in den Ruhestand getreten sei, dass es sich um gesundheitliche Gründe handle oder dass man sich in gegenseitigem Einvernehmen getrennt habe. Niemand gibt zu, dass die Person entlassen wurde, die dann fröhlich damit weitermacht, die nächste Organisation zu zerstören. Das Ganze ist eine wirre Verstrickung von Umständen.

Joe McCool ist kein Headhunter, hat nie selbst Suchaufträge bearbeitet und gibt daher eine objektive Meinung über die Industrie ab. Nach acht Jahren als Herausgeber der *Executive Recruiter News* hat er die letzten fünfzehn Jahre damit verbracht, die Welt zu bereisen. So hat er gelernt, Headhunter und ihre Kunden besser zu verstehen. Er ist hauptsächlich als

Ratgeber für Unternehmen tätig und enttäuscht über die Dysfunktionalität der Industrie, die gravierendste Konsequenzen hat. Er hilft mit, Rekrutierungsentscheidungen zu lenken, und vermindert das damit verbundene Risiko.

Joe berichtet über die allgemeine Frustration, die Unternehmen täglich im Umgang mit Headhuntern erfahren. Personalberater werden als zu teuer, langsam und einfallslos betrachtet. Es mangle ihnen an Erfindungsgeist und Vielfalt, alle versprächen das Gleiche. Ihre sich wiederholenden Aussagen enttäuschen die Arbeitgeber, die sich stattdessen wünschen, dass mehr Aufträge termingerecht und erfolgreich abgewickelt werden und sie eine größere Vielfalt an Kandidaten angeboten bekommen – einschließlich einiger »Überraschungskandidaten«, die außerhalb des bekannten Schemas liegen.

Seine Schlüsselbotschaft an Arbeitgeber, die darüber nachdenken, eine Executive-Search-Firma zu beauftragen: Lassen Sie sich bei Entscheidungen zur Headhunter- oder Kandidatenauswahl nicht von Ihrer persönlichen Beziehung zu den Beteiligten beeinflussen.

An Kandidaten richtet sich Joe mit folgender Empfehlung: Executive Search wird global als eine beratende Funktion akzeptiert, in einer Welt, die sich zunehmend auf Networking stützt. Es ist immer ratsam, das Gespräch eines Headhunters anzunehmen und sich ein potenzielles Angebot anzuhören. Wie weit Sie damit gehen, bleibt Ihnen überlassen, aber hören Sie zu, vernetzen Sie sich und lernen Sie.

Sein Rat an Executive Search Consultants ist: Nennen Sie sich nicht »Headhunter«. Dieser Begriff schadet dem Geschäft. Ihre Aufgabe ist es nicht, »einen Kopf zu jagen«, sondern aufmerksam und überlegt zu handeln, mit Gefühl und Aufrichtigkeit. Verbinden Sie sich mit Geschäftsleuten, diskutieren Sie ihre beruflichen Ziele und Wünsche. Bringen Sie Sensibilität ein und Integrität – machen Sie Ihren Job richtig und gut. Sich als »Headhunter« zu bezeichnen, ist unpassend und klingt, als ginge es nur ums Geld. Das ist lieblos und ruft gewalttätige Assoziationen hervor. Was die Branche jetzt braucht, ist ein wärmerer, gefühlvollerer Ansatz. Nennen Sie sich »Executive Search Consultant«. Wenn Sie wirklich einer sind.

9

DAS GEGENANGEBOT

»Mein Chef nimmt mich nicht ernst«

Annette Kinnear, 50,
Personalberaterin

Das Gegenangebot bereitet Headhuntern auf der ganzen Welt mit Sicherheit das größte Kopfzerbrechen. Hierbei wird ein Arbeitnehmer, den das Unternehmen nicht gehen lassen will, finanziell und moralisch manipuliert. Das ist ein absolutes Desaster, denn es passiert nach der Kündigung des alten Arbeitsverhältnisses, also nach Abschluss des neuen Vertrags. Und es entsteht immer Schaden – für den neuen Arbeitgeber, den alten Arbeitgeber, die Personalberatung oder den Kandidaten selbst. Manchmal für alle vier.

Schon sehr früh habe ich erfahren, wie gefährlich es ist, sich auf ein solches Angebot einzulassen. Ein junger Elektroniker mit noch wenig Lebens- und Berufserfahrung bewarb sich um eine Stelle. Es handelte sich hierbei um einen siebenundzwanzigjährigen »Springbokdeutschen«. Springbokdeutsche sind Deutsche der dritten oder vierten Einwanderergeneration aus dem heutigen Namibia. In den 1990er-Jahren wanderten sehr viele von ihnen nach Südafrika aus und nahmen die südafrikanische Staatsbürgerschaft an. Alle sprechen fließend hochdeutsch, aber nur wenige haben noch die deutsche Staatsbürgerschaft. Vollkommen assimiliert und dennoch mit deutschen Wurzeln, werden sie liebevoll Springbokdeutsche genannt. Der Springbock, eine Antilope, ist das Nationaltier Südafrikas.

So einem jungen Springbokdeutschen saß ich gegenüber. Er hatte eine südafrikanische Ausbildung zum Elektrotechniker absolviert und arbeitete für einen riesigen deutschen Elektronikkonzern in Johannesburg. Seinen Mangel an Erfahrung machte er mit althergebrachten Werten wett: Er war ehrlich, fleißig und höflich. Mir fiel auf, dass er eventuell ein wenig zu anpassungsfähig war und ihm Durchsetzungsvermögen fehlte. Aber er war ein durch und durch gut erzogener, netter junger Mann und für die infrage kommenden Stellen war keine besondere Durchsetzungskraft erforderlich. Seine noch begrenzten technischen Erfahrungen und durchschnittlichen Fähigkeiten wurden von dem Vorteil ausgeglichen, dass er fließend Englisch, Afrikaans und Deutsch sprach. Vor allem Deutschkenntnisse sind in technischen Berufen in Südafrika schon immer sehr gefragt gewesen. Sie machten ihn, abgesehen vom chronischen Fachkräftemangel, noch begehrter.

Ich erinnere mich noch genau an seinen Wechselgrund, vor allem an diesen Satz: »Mein Chef nimmt mich nicht ernst.« Er fand, dass er in dem großen deutschen Unternehmen trotz vieler Abteilungen und der allgemein guten beruflichen Chancen für seine Kollegen einfach nicht weiterkam. Insbesondere fühlte er sich von seinem Vorgesetzten bevormundet und führte seinen

Mangel an beruflichem Erfolg darauf zurück, dass dieser Abteilungsleiter ihm den Weg verbaute. Nicht weil er ihn nicht mochte, sondern weil er ihn eben immer noch als eine Art Lehrling betrachtete. Davon abgesehen hatte er ein gutes Verhältnis zu seinem Chef und allen seinen Kollegen. Aber sein Entschluss stand fest, er wollte den Arbeitgeber wechseln.

Damals war ich selbst noch sehr unerfahren, was die Wechselmotivation von Kandidaten betraf. So hinterfragte ich nicht, wie er es trotz seiner offensichtlichen Loyalität und seines Mangels an Selbstvertrauen schaffen würde, seine Kündigung durchzuziehen.

Beide unerfahren und unbefangen, machten wir uns an die Arbeit und ich vermittelte ihm mehrere Vorstellungstermine. Bei den Interviews mit meinen Kunden hinterließ Heinz stets einen guten Eindruck, bekam aber letztendlich nur ein Angebot von einer mittelständischen Firma, die ihn im Service einsetzen wollte. Auch da hätte ich besser aufpassen müssen, denn die Vermittlung eines Bewerbers von einem Großkonzern in ein mittelständisches Unternehmen läuft nicht immer reibungslos ab. Natürlich wird bei beiden Firmengrößen Kompetenz erwartet, aber der unmittelbare, kurzfristige Druck ist bei Mittelständlern im Allgemeinen doch stärker spürbar als bei einer Firma, die sehr groß ist. Irgendwann gleicht sich das aus, aber gerade am Anfang haben Kandidaten bei so einem Wechsel oft enormen Erfolgsdruck, der sich schon bei den Vorstellungsgesprächen bemerkbar macht.

Ich hatte es versäumt, den Kandidaten gleich zu Beginn zu fragen, wie er einem Gegenangebot entgegentreten würde, und holte es vor der Angebotsunterbreitung nach. Es war schon zu spät, aber das wusste ich damals noch nicht. Keinesfalls würde er sich zum Bleiben überreden lassen, versicherte er mir. Er wolle wirklich weg und freue sich auf die neue Aufgabe. Ich hegte keine Zweifel. Der Kandidat unterschrieb seinen neuen Vertrag und reichte seine Kündigung unter Einhaltung der Monatsfrist ein. Da er Mitte des Monats kündigte und seine Frist erst am nächsten Monatsende beginnen sollte, zog sich die prekäre Übergangszeit sechs Wochen in die Länge.

In unserer Beratung gehörte es zur Routine, sich danach zu erkundigen, wie die Kündigung gelaufen war, und den Kandidaten in der manchmal anstrengenden Kündigungsfrist moralisch zu unterstützen. Irgendwie hatte ich es verpasst, beizeiten nachzuhaken. Zwar versuchte ich, Heinz hie und da zu erreichen, es gelang mir aber nicht. Er war im Außendienst, damals gab es noch keine Mobiltelefone, und dass ich nie einen Rückruf erhielt, bereitete mir zwar Sorge, aber irgendwie verstrich die Zeit und ich verlor die Kontrolle. Kurz vor Antrittsdatum hatte ich ihn schließlich am Apparat. Sofort wurde mir klar, dass es ein Problem gab. Heinz druckste herum, wich mir aus, benahm sich merkwürdig.

»Ist denn alles in Ordnung mit Ihrem Arbeitsantritt am Montag?«

»Ja, ja, alles klar.«

»Freuen Sie sich denn?«

»Ja, es ist alles in Ordnung.«

»Wie lief denn Ihre Kündigung?«

»Mein Chef war sehr enttäuscht. Er will mich eigentlich nicht gehen lassen.« Die Aussage, in der Gegenwart formuliert – er *will* mich *eigentlich* nicht gehen lassen –, trieb schnell Schweißperlen auf meine Stirn.

»Was soll das heißen, er will Sie ›nicht gehen lassen‹?«

»Na ja, er hat meine Kündigung nicht akzeptiert.«

Noch heute stehen mir buchstäblich die Haare zu Berge, wenn ich diesen Satz höre, und ich höre ihn oft. Bist du denn sein Sklave?, dachte ich erbost, hütete mich aber, ihn so aggressiv zu traktieren, und erwiderte stattdessen: »Heinz, dieser Satz ist eine Floskel. Man kann eine Kündigung nicht ›nicht akzeptieren‹. Das ist Unsinn. Was ist denn passiert? Haben Sie ein besseres Angebot bekommen?«

»Nein, nein, es ist nichts. Er hat nur eben meine Kündigung nicht akzeptiert, aber ich rede noch mal mit ihm.«

»Heinz, Firma XYZ erwartet, dass Sie am Montagmorgen um 8 Uhr auf der Matte stehen. Haben Sie es sich denn anders überlegt?«

An alle Personalberater, die an dieser Stelle mit den Augen rollen: Meine Unbeholfenheit ist erschreckend, ich weiß das. Heute würde mir das auch nicht mehr passieren.

»Nein, nein, ich werde da sein. Sie können sich auf mich verlassen.«

»Also gut. Wenn ich irgendwas tun kann, sagen Sie mir Bescheid.«

»Ja, mache ich.«

Am Montag erschien Heinz nicht zum Arbeitsantritt. Wie so oft reagierte der neue Arbeitgeber zunächst mit Verständnis. »Sicher ist etwas passiert. Finden Sie doch heraus, ob alles in Ordnung ist. Vielleicht ist er krank oder er hatte einen Unfall.«

Mir stockte das Herz, da mir natürlich schwante, dass sein Ausbleiben einen anderen Grund hatte. Tagelang konnte ich Heinz nicht erreichen. Immer mehr kam ich in Bedrängnis, Rechenschaft abzulegen zu müssen. Auf Heinz war ich natürlich stocksauer. Auf mich sowieso. Dann endlich passte ich ihn ab und er erklärte mir fast beiläufig, man habe ihn mithilfe eines besseren Angebots und der Aussicht auf Beförderung dazu überredet, bei der Firma zu bleiben.

Ich konnte mich schon immer gut empören. Mein Temperament ging mit mir durch und ich konnte mich nicht mehr bremsen: »Spreche ich mit Heinz?«

»Ja?!«

»Spreche ich wirklich mit Heinz?«

»Ja, warum?«

»Spreche ich mit demselben Heinz, der mir neulich versicherte, er würde kein Gegenangebot akzeptieren?«

Perplexe Funkstille am anderen Ende der Leitung rief mich zur Ordnung. Schluss jetzt mit dem Zynismus, entschied ich und ermahnte ihn sachlich: »Heinz, Sie haben einen Vertrag unterschrieben, man erwartet, dass Sie endlich Ihre Stelle antreten. Es ist noch nicht zu spät. Wir können das erklären. Noch wird man nachsichtig reagieren. Die Firma hat sich sehr auf eine Zusammenarbeit mit Ihnen gefreut. Man wartet seit sechs Wochen und drei Tagen auf Sie. Wenn Sie jetzt absagen, muss die Firma wieder ganz von vorne anfangen und hat viel Zeit verloren.«

»Ja, das ist bedauerlich, aber ich habe meinem Chef fest zugesagt, ich kann ihn jetzt nicht im Stich lassen.«

»Heinz, erinnern Sie sich noch an unser erstes Gespräch? Sie sagten mir damals, dass Ihr Chef Sie nicht ernst nimmt. Sehen Sie denn nicht, dass das gerade wieder passiert? Sie kündigen, aber man belächelt Sie, glaubt, Sie mit billigsten Methoden zum Bleiben überreden zu können.«

»Man hat endlich meinen Wert erkannt.«

»Was man erkannt hat, sind die Kosten und Verluste, die auf das Unternehmen zukommen, wenn man Sie ersetzen müsste. Natürlich ist es eine billigere Lösung, Ihnen mehr Geld anzubieten. Das ist es immer.«

»Aber meine Beförderung?«

»Was ist das für eine Beförderung?«

»Das weiß ich noch nicht genau. Man sagte mir nur, sie sei geplant.«

»Da können Sie lange warten. Heinz, mein Kunde hat Ihnen ein faires Angebot gemacht, in gutem Glauben, in wahrer Wertschätzung Ihrer Fähigkeiten, ohne den Vorteil, schon lange mit Ihnen zusammenzuarbeiten. Sehen Sie denn nicht, was hier gespielt wird? Müssen Sie denn jedes Mal kündigen, um eine Gehaltserhöhung zu bewirken? Von der erzwungenen Beförderung rede ich gar nicht, weil sie noch gar nicht existiert.«

»Ja, das habe ich meinen Chef auch gefragt.«

»Und was hat er geantwortet?«

»Er meinte, die Kündigung wäre ihm lediglich zuvorgekommen, es war sowieso geplant, mich besser zu vergüten, und dass man mich sehr schätze.«

»Heinz, das sagen sie immer! Wie sonst wollen sie die plötzliche Verbesserung erklären?«

»Wie dem auch sei, ich kann nicht weg. Es liegt nicht an der neuen Firma. Es ist eine Frage der Loyalität.«

Den aufkommenden Brechreiz über so viel Unvernunft zügelte ich mit dem Wissen, dass der arme Kerl das wirklich so sah.

»Gut, und wie wollen Sie das Problem der Verluste lösen, die durch Ihren Vertragsrücktritt entstanden sind?«

»Welche Verluste? Meinen Sie Ihr Honorar?«

»Das fällt in diesem Fall nicht an, ich arbeite auf Erfolgsbasis und Erfolg ist in diesem Falle mit Ihrem Arbeitsantritt verknüpft.«

»Also gehen Sie leer aus?«

»Ja, aber darum geht es nicht. Ich denke eher an den Zeitverlust, wenn der Rekrutierungsprozess von diesem Arbeitgeber neu aufgerollt werden muss, an die Schulung, für die man Sie schon angemeldet hat …«

Mit untypischer Ungeduld unterbrach er mich. Im Geiste sah ich ihn die Stirn runzeln. »Kann man mich denn dafür verantwortlich machen?«

»Prinzipiell ja.«

»Dann nehme ich mir zwei Wochen Urlaub, trete die Stelle eben an und kündige nach einer Stunde, bleibe bis zum Ablauf meiner Kündigungsfrist, wenn man mich nicht gleich gehen lässt, und kehre dann nach Ablauf meines Urlaubs wieder an meine Stelle zurück.«

Es schien mir unwahrscheinlich, dass mein unbescholtener Kandidat sich diese Lösung selbst ausgedacht hatte. Ich forschte nach: »Wer hat Ihnen denn zu so einer unmoralischen Vorgehensweise geraten?«

»Mein Chef.«

Natürlich.

»Heinz, das wäre eine durchschaubare Taktik. Abgesehen davon, dass Sie nicht bei zwei konkurrierenden Unternehmen gleichzeitig arbeiten dürfen – das ist sowieso vertraglich geregelt – bedenken Sie doch die Belastung Ihres Gewissens, wenn Sie so vorgehen. Sie vermasseln sich auch Ihren bisher tadellosen Ruf – bei beiden Unternehmen! Außerdem ist die Industrie hier klein, es würde Sie früher oder später einholen. Wie wollen Sie das denn in der Praxis durchziehen?« Heinz fing an, mir leidzutun. Wie kann man jemanden, der so gutgläubig ist, nur so ausnutzen und schlecht beraten?

»Es geht nun mal nicht anders. Außerdem meinte mein Chef, es handle sich um keine arbeitsrechtliche Sache, sondern eine zivile.«

»In Südafrika ist das richtig, ja.«

»Er sagte, die Firma muss erst mal die wirtschaftlichen Verluste beweisen und mich dann in einem Zivilprozess verklagen. Das wäre so gut wie aussichtslos und niemand würde sich darauf einlassen.«

»Ihr Chef kennt sich ja bestens mit Vertragsbrüchen aus. Was schließen Sie daraus, Heinz?«

»Was meinen Sie?«

»Ach nichts, ist schon gut. Ich wünsche Ihnen trotzdem alles Gute. Wenn es doch nicht so klappt, wie Sie sich es vorstellen, wissen Sie ja, wo Sie mich finden können, okay?«

»Was passiert jetzt mit der neuen Stelle?«

»Nichts. Ich erledige das.«

»Muss ich mit irgendwelchen Konsequenzen rechnen?«

Du nicht, aber ich, brüllte ich innerlich. »Nein, das mache ich schon. Aber melden Sie sich, wenn Sie wieder eine Stelle suchen. Kommen Sie zuerst zu mir, okay?«

»Ja, mache ich.«

»Versprechen Sie es mir, Heinz? Sie stehen noch ganz am Anfang Ihrer Karriere und irgendwann möchte ich an Ihrem Wachstum beteiligt sein.«

»Ja, wenn ich wieder eine Stelle suche, rufe ich Sie an.«

Ich konnte Heinz beruhigt einladen, sich wieder zu bewerben, denn wer einmal ein Gegenangebot angenommen hat, wird es mit Sicherheit kein zweites Mal tun. So sollte es auch in diesem Fall sein.

Was folgte, war der Gang nach Canossa. Mein Kunde war natürlich enttäuscht, aber, wie so oft, mir gegenüber verständnisvoll. Je höher der Personalentscheider in einer Firmenhierarchie steht, desto nüchterner geht er mit Problemen in der Regel um. Er machte mir keinen Vorwurf, sondern bat mich, mich um einen Ersatz zu bemühen. Das gelang mir auch und dieser Auftrag fand ein gutes Ende.

Drei Monate später, fast auf den Tag genau, erhielt ich einen Anruf von Heinz. »Mein Chef nimmt mich nicht ernst. Nichts hat sich verändert. Ich habe zwar die Gehaltserhöhung bekommen, aber aus dem versprochenen Aufstieg wurde nichts. Im Gegenteil, ich habe das Gefühl, er blockiert mich jetzt noch mehr. Ich wollte mal fragen, ob Sie denn irgendwas für mich haben?«

In dieser Angelegenheit hatte ich so ziemlich alles falsch gemacht, was man falsch machen kann. Aber eines war richtig: Ich hatte mich um Versöhnung bemüht, nach vorne geschaut, nachdem es sonst nichts mehr zu retten gab, und die Tür weit offen gelassen.

Beim nächsten Kontakt brachte es keiner von uns übers Herz, das leidige Gegenangebot von damals erneut anzusprechen.

Heinz wurde erfolgreich vermittelt.

Hintergrund

Gegenangebote haben im Amerikanischen den Beinamen »Career Suicide«. Karriereselbstmord. Aus gutem Grund. Lassen Sie sich niemals zu einem Gegenangebot überreden. Es ist statistisch erwiesen, dass in neunzig Prozent aller Fälle der Kandidat nach drei bis sechs Monaten, allerhöchstens zwölf, wieder auf dem Markt ist. Die folgenden Informationen sollen Ihnen helfen, mit Gegenangeboten umzugehen.

Woran erkenne ich ein Gegenangebot?

Unter Gegenangebot verstehen Headhunter nicht nur die Angebotsunterbreitung selbst, sondern den gesamten Rückzug aus einem *bereits unterschriebenen Arbeitsverhältnis* nach Einreichung der Kündigung oder, wenn auch noch nicht schriftlich, beim Kündigungsgespräch aufgrund eines Gegenangebots.

Werden Sie sehr hellhörig, wenn Sie beim Kündigungsgespräch die folgenden Sätze hören. Sie sind die klassischen Reaktionen, die ein Gegenangebot ankündigen:

✎ »Warum haben Sie uns denn nicht gesagt, dass Sie unglücklich sind? Was immer es ist, wir werden es aus der Welt räumen.« (Das ist eine gute und berechtigte Frage, aber schauen Sie dahinter: *Warum* hatten Sie denn nicht den

Mut, die Gelegenheit, die Motivation, das Problem mit Ihrem Arbeitgeber zu lösen?)

- »Sie können uns doch mitten im Projekt nicht hängen lassen!« (Das ist emotionale Erpressung.)

- »Alles, was Sie wissen, haben Sie von mir/uns gelernt. Wollen Sie dieses Wissen etwa jetzt gegen mich/uns verwenden?« (Hier will man Schuldgefühle erzeugen.)

- »Wir haben doch so große Pläne mit Ihnen, wir haben nur noch nicht miteinander darüber gesprochen, aber es steht in den Karten. Wir planen schon länger, Sie zum Außendienstleiter zu ernennen. Ihren Firmenwagen hätten wir nächsten Monat bestellt.« (Hier arbeitet man mit Schmeichelei und eventuell falschen Versprechungen.)

- »Wir haben bereits ernsthaft über Ihren Beitrag über die letzten Jahre diskutiert und haben Sie für eine Beförderung/Projektleitung/Abteilungsleitung vorgesehen. Natürlich mussten wir das vorerst noch vertraulich behandeln. Können wir uns darüber unterhalten, bevor Sie eine endgültige Entscheidung treffen?« (Ihre Entscheidung ist bereits gefallen. Zweifelt man an Ihrer Standhaftigkeit, oder weshalb sonst betrachtet man Ihre Vertragsunterschrift als nichtig?)

- »Haben Sie dabei mal an mich gedacht (Ihre Kollegen gedacht)? Sie wären ein großer Verlust für unser Team und unsere Arbeitsmoral.« (Man appelliert an Ihr Gewissen.)

- »Sie sind sowieso für eine Gehaltserhöhung vorgesehen. Was bietet man Ihnen an? Wir bieten dasselbe/mehr.« (Wie lange müssen Sie dann auf die nächste Erhöhung warten, wenn diese offensichtlich vorgezogen wird?)

Bei folgenden Verhaltensweisen handelt es sich *nicht* um ein Gegenangebot:

- Eine Rückkehr zum alten Arbeitgeber, weil man eine falsche Entscheidung getroffen hat und das Unternehmen wieder

verlässt. Also hat man die Stelle in gutem Glauben angetreten, aber festgestellt, dass sie nicht den Anforderungen
entsprach, und daraufhin ein Neuangebot des alten Arbeitgebers akzeptiert.

☙ Einem derzeitigen Arbeitgeber zu sagen, man habe sich für
einen Arbeitgeberwechsel entschieden, oder ihn davon in
Kenntnis zu setzen, dass man sich ernsthaft bemüht, eine
Aufbesserung zu bekommen, gern bleiben würde, aber nicht
um jeden Preis bleiben *kann*.

☙ Einem derzeitigen Arbeitgeber zu sagen, man habe ein Angebot und denke darüber nach.

Dürfen Arbeitgeber Gegenangebote unterbreiten?

Mir ist kein Grund bekannt, aus dem man den Arbeitnehmer
nicht zum Bleiben überreden dürfte. Es steht nichts im Wege,
wenn man für einen Arbeitnehmer kämpfen möchte.

Kann man ein Gegenangebot als Kompliment ansehen?

Nur insofern, als dass man einem Arbeitnehmer, bei dem man
Freudensprünge macht, wenn er endlich weiterzieht, natürlich
kein Gegenangebot unterbreitet. Es ist die nüchterne Wertschätzung eines leicht überdurchschnittlichen Arbeitnehmers,
denn ein echter Top-Mitarbeiter muss niemals bessere Arbeitsbedingungen durch einen Erpressungsversuch erzwingen. Stets
achtet man darauf, dass der Mitarbeiter gut versorgt ist, dass er
gefördert wird und dass man Gegenangriffen vorbeugt.

Ich habe bei der Kündigung kein Gegenangebot erhalten.
Heißt das, dass ich nicht geschätzt werde?

Absolut nicht. Nicht alle Arbeitgeber gehen diesen Weg. Manche
denken gar nicht an eine solche Möglichkeit, andere machen
es aus Prinzip nicht und viele wünschen einem einfach nur

das Beste, wenn sie sehen, dass die beruflichen Chancen beim nächsten Unternehmen tatsächlich besser sind.

Welche rechtlichen Konsequenzen drohen mir,
wenn ich von einem Arbeitsvertrag zurücktrete?

Bitte beraten Sie sich hierzu mit Ihrem Rechtsanwalt, der Ihren Fall individuell begutachten wird. Meine Antwort stellt keine Rechtsberatung dar. Ich kann nur sagen, dass deutsche Arbeitgeber vielen ihrer ausländischen Kollegen voraus sind, indem sie sich mit einer sogenannten Vertragsrücktrittsklausel wappnen. Achten Sie bei der Vertragsunterzeichnung auf diese Bedingungen. Meist wird ein Monatsgehalt fällig, das Sie an den Arbeitgeber abtreten müssen, wenn Sie Ihre Stelle nicht antreten.

Dass Personalberatungen nach Vertragsbruch bei einem Kandidaten ihr Honorar einklagen, das ihnen nun vom Arbeitgeber vorenthalten wird, ist mir persönlich auch nicht bekannt. Aber sollten Sie einen Vertrag mit einer Personalberatung unterschreiben, lesen Sie die Konditionen auf alle Fälle gut durch.

Warum unterbreiten Arbeitgeber Gegenangebote?

Das hat fast immer wirtschaftliche Gründe. In einem von Fachkräftemangel geprägten Arbeitsmarkt ist es meist kostengünstiger, einem Arbeitnehmer mehr Geld anzubieten. Der Neueinstellungsablauf, die hohen direkten Rekrutierungskosten, die Einarbeitungszeit, die Schulungen, der Verlust von Kundenbeziehungen, die der Arbeitnehmer bereits geknüpft hat, die Mitnahme von Produkt-Know-how: Dies alles ist kalkulierbar. Unter Berücksichtigung dieser Kosten können Summen lockergemacht werden, die man sich sonst gern gespart hätte.

Außerdem sind Unternehmer von Natur aus Kämpfer. Ungern verlieren sie eine Schlacht. Wenn sie den Kandidaten wirklich wollen und brauchen, werden sie erfinderisch. Und kein

Unternehmen möchte einen Mitarbeiter an die Konkurrenz verlieren, wenn sich ein Weg finden lässt, das zu vermeiden.

Schließlich tut es manchen Arbeitgebern wirklich leid, sich nicht genügend um eine Fachkraft gekümmert zu haben. Sie sind beschämt und hoffen, ihre Nachlässigkeit durch ein Gegenangebot kompensieren zu können. Das sind Ausnahmefälle und auch dann hinterlässt die Geschichte einen bitteren Nachgeschmack. Solche Arbeitgeber fühlen sich nach etwas Reflexion nicht selten verraten oder erpresst. Und plötzlich ist es der Arbeitnehmer, dessen Integrität angezweifelt wird, wenn er dem Gegenangebot zustimmt.

Wie soll ich mich verhalten, wenn ich ein Gegenangebot erhalte?

Hören Sie auf Ihr Bauchgefühl. Mit ziemlicher Sicherheit wird es Ihnen raten, sich weiterhin um die Übergabe an Kollegen zu kümmern. Lassen Sie sich nicht von Schmeicheleien einlullen. Kalkulieren Sie mögliche Verluste ein. Überlegen Sie sehr genau, was es für Sie bedeutet, wenn sich trotz Versprechungen nichts ändert und Ihre Lage sich vielleicht noch verschlechtert. Und schmieden Sie einen konkreten Plan, wie Sie in diesem Falle vorgehen werden. Denn dass es nicht immer glatt geht, bestätigt Ihnen jeder Personalberater mit etwas Erfahrung.

Wenn Sie sich dennoch entschließen, ein Gegenangebot zu akzeptieren, lassen Sie sich alles schriftlich belegen.

Was muss ich bedenken, wenn ich ein Gegenangebot in Erwägung ziehe?

Hinterfragen Sie die Motivation und Integrität des Gegenangebots. Sicher gibt es Fälle, in denen ein Arbeitgeber ehrlich betroffen und überrascht auf Ihre Kündigung reagiert und verzweifelt versucht, Sie nicht zu verlieren. Hören Sie aber genau hin und auch in sich selbst hinein. Lassen Sie sich nicht von Schmeicheleien übertölpeln, von Mutlosigkeit einkriegen oder durch eine falsche Vorstellung von Loyalität verwirren. Unternehmen sind wirtschaftliche Gesellschaften, viele Arbeitgeber würden keinen Moment zögern, Sie gehen zu lassen, wenn Ihre Arbeitskraft nicht mehr rentabel wäre. Sie könnten es sich ja gar nicht leisten, jemanden nur aus Mitgefühl zu beschäftigen, obwohl ich weiß, dass es das durchaus hin und wieder gibt. Sehen Sie Ihre Arbeitskraft genauso sachlich und fragen Sie sich, ob Sie zu den Arbeitnehmern gehören, die sich für ein Unternehmen nur noch einsetzen, weil sie sich ihm gegenüber verpflichtet fühlen, auch wenn es ihrem Werdegang eher schadet.

Ihr Arbeitgeber kann Ihr Gehalt aufbessern, Ihre Nebenleistungen erweitern und Ihren Verantwortungsbereich vergrößern. Probleme am Arbeitsplatz werden dadurch nicht gelöst. Im Gegenteil, manchmal verschlechtern sich die emotionalen Bedingungen.

Wechselgründe sind oft mit dem prinzipiellen Streben nach persönlicher Weiterentwicklung verknüpft. Ein fairer Arbeitgeber kümmert sich von Anfang an um Ihre Entwicklung – ohne den akuten Druck, Sie eventuell zu verlieren, wenn er Ihnen jetzt nicht mehr Aufmerksamkeit widmet. Versprechungen, die unter diesen Voraussetzungen gemacht werden, sind selten nachhaltig.

Es ist brutale Realität, dass ein Arbeitgeber durch ein Gegenangebot Zeit gewinnt. Zeit, sich um einen Ersatz zu bemühen. Denn wer einmal offiziell gekündigt hat und die Kündigung dann wieder zurückzieht, wird oft als unzuverlässig und disloyal angesehen.

Überlegen Sie: Wollen Sie immer wieder Kündigungsgeschütze auffahren oder ähnliche Taktiken anwenden, wenn Sie eine Verbesserung am Arbeitsplatz bewirken möchten? Das neue Unternehmen bietet Ihnen vertrauensvoll diese Wertschätzung von vornherein.

Gegenangebote sind meist kurzfristige, aber verlockende Lösungen. Welche Rollen spielen bei Ihrer Entscheidung die Faktoren: Veränderungsangst, falsche Vorstellungen von Loyalität, emotionaler Druck? Bedenken Sie die langfristige Entwicklung Ihrer Karriere. Der kurze Trennungsschmerz ist bald überstanden. Profis haben auf ein Gegenangebot nur eine Antwort: »Das ist nicht Ihr Ernst, oder?«

Was wollen Headhunter hören, wenn sie mich nach meiner Einstellung zu einem Gegenangebot fragen?

Unsere Lieblingsantwort lautet: »Auf keinen Fall. Auf so etwas würde ich mich aus Prinzip nicht einlassen!« Untermauert mit entsprechender empörter Tonlage und entschiedenen Gebärden.

Aber bluffen Sie nicht. Ein geschickter Headhunter kommt Ihnen auf die Schliche, wenn Sie versuchen, ihn zu blenden. Achten Sie auf die Fragestellung. Ein erfahrener Headhunter wird dies immer ausführlich zur Sprache bringen. Außerdem wird er die Frage präsumtiv und ziemlich umständlich formulieren. Er wird nicht fragen: »Erwarten Sie ein Gegenangebot?« Oder: »Was würden Sie sagen, wenn man Ihnen ein Gegenangebot unterbreitet?« Er wird einen beachtlichen Teil seines Interviews dieser Frage widmen, sie aber als legere Konversation tarnen und sehr persönlich formulieren. Dazu wird er sich nicht auf Ihren Arbeitgeber als Unternehmen beziehen, sondern das Zwischenmenschliche einbringen. Ungefähr so: »Ich bin sicher, Ihre Kollegen und vor allem Ihr Chef werden sehr enttäuscht sein, wenn Sie kündigen. Wie stehen Sie dazu?«

»Ja, das wird sicher nicht leicht.«

»Welche Argumente kommen wohl auf Sie zu, wenn Ihr Chef sich bemüht, Sie weiterhin zu behalten?«

»Er wird mir sicher eine Gehaltserhöhung anbieten.«

»Davon können wir ausgehen. Was werden Sie antworten?«

»Er wird mir nicht genug anbieten können. Ihm sind ja die Hände gebunden.«

»Nehmen wir einmal an, Sie erzielen das gleiche oder sogar ein besseres Angebot von Ihrem derzeitigen Arbeitgeber. Was sagen Sie dazu?«

»Tja, das müsste ich mir natürlich gut überlegen.«

So, jetzt sind Sie schon in tiefen Gewässern gelandet. Der Berater wird an dieser Stelle abbrechen, weil er nun Ihre Zuverlässigkeit anzweifelt und Absprunggefahr besteht, oder er wird versuchen, Sie diesbezüglich zu beraten und Sie auf das Minenfeld hinweisen, in das Sie tappen, wenn Sie ernsthaft ein Gegenangebot in Betracht ziehen. Danach wird er Sie abermals in die Mangel nehmen und wird in jedem Fall von nun an mit Ihrer Bewerbung sehr vorsichtig vorgehen. Sollte ein gleichwertiger Kandidat im Rennen sein oder sich finden lassen, der diese Hürde aus der Sicht des Headhunters korrekt überwindet, also mit prinzipieller Ablehnung reagiert, wird er diesem Bewerber mit ziemlicher Sicherheit den Vorzug geben. Jeder Berater, der sich einmal mit einem Heinz herumgeschlagen hat, wird daraus lernen und sich in Zukunft zu helfen wissen.

Was soll ich also antworten, wenn mich ein Headhunter nach meiner Einstellung zu einem Gegenangebot fragt?
Mit meinem von mangelnder Erfahrung geprägten Herangehen an Heinz' Problem habe ich damals niemandem einen Gefallen getan. Danach stellte ich die Möglichkeit eines Gegenangebots bei jedem guten Kandidaten von Anfang an in den Vordergrund und wies unmissverständlich darauf hin, dass dahinter sehr viele Gefahren lauern. Auch verdeutlichte ich dem Kandidaten, dass ich keinesfalls an einer Zusammenarbeit interessiert sei, solange

die Gefahr eines Rückziehers nach Abschluss des Vertrages im Raum stehe.

In englischsprachigen Ländern, wo Personalberatungen seit vielen Jahrzehnten den Stellenvermittlungsmarkt beherrschen und den Kandidaten die Zusammenarbeit mit Personalberatern bestens vertraut ist, werden die Bewerber selten zugeben, dass sie ein Gegenangebot positiv bewerten würden. Auch bei Kandidaten, die diese Möglichkeit vehement abgelehnt haben, kommt es daher hin und wieder zu einem Rückzieher.

In Deutschland verblüffte und rührte es mich, wie gutgläubig und offen die Kandidaten mit dieser Frage umgingen. Ich stellte die Frage immer, nachdem ich erklärte hatte, was man unter einem Gegenangebot versteht und dass der Kandidat auf jeden Fall damit rechnen muss. Eine Meinung gab ich im Voraus nicht ab, sondern stellte die Frage oft so: »Wie werden Sie reagieren, wenn Sie von Ihrem jetzigen Arbeitgeber das Gegenangebot erhalten?«

»Das würde ich aus Prinzip nicht in Betracht ziehen. Wenn ich einmal einen Vertrag unterschrieben habe, ziehe ich das auch durch«, antworteten die meisten Kandidaten.

Aber auch das bekam ich oft zu hören: »Das ist ausgeschlossen, mein Arbeitgeber würde das nicht machen.«

Das reichte mir nicht, ich insistierte dann, dass der Kandidat die Frage hypothetisch beantworten solle.

Auch dies hörte ich nicht selten:

»Gegenangebot? Tja, darüber habe ich noch nicht nachgedacht. Ja, da würde ich mich sehr geschmeichelt fühlen, ist doch klar.«

Oder das – und das habe ich wirklich nur in Deutschland gehört:

»Oh ja, natürlich. Wenn man mir ein besseres Angebot macht, würde ich gern bleiben.«

Obwohl es natürlich nicht die »gewünschte« Antwort ist, schätzt man diese Ehrlichkeit sehr. Dadurch kann man den Kandidaten beraten, ihn auf die Nachteile aufmerksam machen, die ihn eventuell erwarten, und dann zusammen entscheiden, wie man fortfährt.

Wie also sollen Sie antworten?

Ich schlage vor: Sprechen Sie schon vor der Unterzeichnung eines neuen Arbeitsvertrags mit Ihrem Chef darüber, was Sie sich anders wünschen. Sie werden sehen, Ihr Arbeitgeber wird für Ihr Vertrauen dankbar sein und sich bemühen, eine Lösung zu finden. Besteht keine Aussicht auf Verbesserung Ihrer Arbeitsbedingungen, erübrigt sich das Problem. Sie können dem Recruiter dann antworten, Sie hätten sich bereits mit Ihrem Vorgesetzten damit auseinandergesetzt, und weil man nichts für Sie tun könne, sei es Ihnen mit dem Wechsel ernst.

Viele Kandidaten befürchten, der Arbeitgeber würde es als Verrat interpretieren, wenn sie sich ehrlich um ein offenes Gespräch zur Lösung Ihrer Arbeitsplatzprobleme bemühen. Ich kenne keinen Fall, wo ein solcher Vorgehen einer guten Fachkraft zur Kündigung geführt hätte. Was man allerdings mit ziemlicher Sicherheit als Verrat empfinden würde, ist ein Rücktritt aus einem Vertrag. Auch bei dem Arbeitgeber, der das Gegenangebot unterbreitet, hinterlässt das einen schlechten Eindruck. Irgendwann, irgendwie, irgendwo rächt sich dieses Vorgehen.

Ich habe in meiner Karriere viele Hunderte Vermittlungen getätigt und war an Tausenden indirekt beteiligt. Die Durchschnittsabsprungrate bei Vermittlungen durch Berater mit unterschiedlicher Berufserfahrung (einschließlich meiner eigenen Person) lag bei sechs bis acht Prozent. Knapp über die Hälfte davon ergab sich aufgrund klassischer Gegenangebote. In jedem dieser Fälle verließ der Arbeitnehmer innerhalb von längstens zwölf Monaten dann doch das Unternehmen. Bis auf einen: Ein deutscher Verkaufsleiter für einen deutschen Achsenhersteller stieg zum Geschäftsführer der südafrikanischen Niederlassung auf. Er blieb noch ein Jahrzehnt. Ein seltenes Happy End.

»Wahrheit befreit«

Jenifer Lambert, 41,
Vice President Sales Marketing,
Internationale Trainerin, Recruiter, Seattle, USA

Wenn ich für einen Kandidaten Begeisterung aufbringe, springt meine Freude auf meinen Kunden über. Wer heute im Headhunting Erfolg haben möchte, muss das Vermitteln von Enthusiasmus beherrschen. Das ist der Kraftstoff, der den manchmal trägen Vorgang vorantreibt.

Leider entwickelt sich der Markt eher in die Richtung, dass große Unternehmen durch den Fachkräftemangel verstärkt gezwungen werden, mit Headhuntern zu arbeiten – ohne zu wissen, was dabei ausschlaggebend ist, und ohne wirkliche Wertschätzung der Dienstleistung. Aus diesem Grund behandeln sie unsere Mitarbeiter wie Gebrauchsartikel, verschicken Arbeitsplatzbeschreibungen per Massenaussendung und verfehlen dabei ganz und gar ihr Ziel. Denn sie erreichen damit nur die unterdurchschnittlichen Kollegen unter uns. Nur wenig gewandte, schlecht ausgebildete und verzweifelte Personalberater werden sich solchen Anfragen zuwenden. Gute Headhunter interessieren sich nie für Stellen, zu denen jedermann Zugang hat. Sie arbeiten selektiv und verlangen zu Recht individuelle Aufmerksamkeit.

Kunden, die es richtig machen, behandeln den Search Consultant wie einen vertrauten Partner, ermutigen ihn und sehen ihn als wichtigen Teil des internen Teams. Vor Kurzem verschickte ich eine Rechnung über eine beträchtliche Summe. Als diesbezüglich eine Nachricht für mich einging, erwartete ich mit der erlernten Skepsis eine Beschwerde über die hohe Summe. Stattdessen rief mich der Vice President eines Großkonzerns persönlich an, um mir mitzuteilen, er empfände den Rechnungsbetrag für die Vermittlung zwar als schmerzhaft, habe aber dennoch sofort das Honorar angewiesen, denn meine Arbeit sei jeden Cent wert gewesen. Was für ein Unterschied zu dem üblichen Gerangel um das Honorar am Ende des Prozesses.

Der Trend im Headhunting geht definitiv zunehmend in die Richtung der Kandidaten. Im Zentrum steht dabei der Wert, den sie für die Personalberatung darstellen, und die Erfahrungen, die sie machen. Der Umsatz einer Beratungsfirma steht in direktem Verhältnis zu dem Wert, den sie für ihre Kandidaten hat. Man muss heutzutage einfach »nett« sein. Das bedeutet nicht, in blinden Gehorsam zu verfallen und sich bedingungslos den Launen von Kandidaten auszusetzen oder sich ihren Forderungen um jeden Preis zu beugen. Vielmehr bedeutet es, genügend Respekt aufzubringen, um die Wünsche und Bedürfnisse der Kandidaten zu verstehen und zu akzeptieren. Fachkräfte wünschen sich die Zusammenarbeit mit einem einzigen Agenten, der sie über ihre gesamte Karriere hinweg betreut, nicht nur für eine einzelne »Transaktion«. Einen solchen Kandidaten kenne ich seit neunzehn Jahren. Er kommt immer zu mir, wenn er einen Wechsel in Erwägung zieht, beauftragt mich auch, wenn er selbst Arbeitnehmer sucht, und schickt mir seine Bekannten.

Wir US-Amerikaner sind nicht gerade ein kooperatives Volk. Unsere Kandidaten können sehr anstrengend sein. Sie lassen sich nichts gefallen; wer sie einmal verärgert, hat ein ernsthaftes Problem. Mir wurde schon öfter gesagt, in Deutschland sei das anders. Die Menschen dort seien pflichtbewusst und respektierten Geschäftsabläufe, statt sich gegen sie aufzulehnen. Mit deutschsprachigen Kandidaten habe ich selbst hier in Seattle nicht viel Kontakt, aber da es in meiner Stadt viel biotechnische Forschung gibt, die stark vom deutschen Markt beeinflusst wird, höre ich hie und da in meinem Kundenkreis Berichte über Erfahrungen mit Deutschen. Eine dieser Biopharmafirmen führt grundsätzlich nur Tests mit hier ansässigen deutschen Probanden durch. Denn wenn die Testperson zum Beispiel zwei- bis dreimal täglich ein Medikament einnehmen muss, können Sie bei einem Deutschen mit hundertprozentiger Sicherheit davon ausgehen, dass dem Folge geleistet wird. Meine Landsleuten hingegen halten sich oft nicht an die Zeitvorgaben oder vergessen das Einnehmen ganz.

Im Gegensatz dazu muss ich mich leider sehr wohl mit unzuverlässigen Kandidaten herumschlagen. So vermittelte ich vor Kurzem einen Regionalen Verkaufsleiter. Eines Abends, sehr spät, erhielt ich eine Nachricht auf meiner Voicemail. Vorbeugend hatte der Kandidat diesen Zeitpunkt gewählt, um mich persönlich zu verpassen und eine direkte Konfrontation mit mir zu vermeiden. Er habe ein Gegenangebot erhalten und werde die Stelle nicht mehr antreten, erklärte er mir knapp. Der Geschäftsführer der neuen Firma bekniete mich, nett zu dem Kandidaten zu sein, er werde unbedingt gebraucht, und beauftragte mich, ihn zu überreden, doch zu wechseln. Widerwillig beugte ich mich der Anweisung, aber es gelang mir absolut nicht, den Kandidaten zu erreichen. Stets ließ er sich verleugnen, rief nie zurück. Wir schlossen den Fall ab. Und wie das oft bei Gegenangeboten der Fall ist, stand er nach einem knappen Jahr wieder vor meiner Tür. Seine Firma war von einem anderen Unternehmen übernommen worden und leider handelte es sich hierbei um einen Betrieb mit einem sehr schlechten Ruf. Er bat mich, ihn wieder bei meinem Kunden vorzustellen, komplett mit Entschuldigung: »Wären Sie denn bereit, die Verhandlungen neu aufzunehmen?«

»Tut mir leid, kein Interesse«, ließ ich ihn frostig wissen, ohne mich bei meinem Kunden überhaupt zu vergewissern. Ob ich ihm denn wenigstens etwas anderes anbieten könne, fragte er zaghaft nach. »Nie im Leben!«, war meine Antwort. »Es geht nicht darum, dass Sie ein Gegenangebot angenommen haben, obwohl das schon unmoralisch genug ist. Es geht darum, wie Sie die Situation gehandhabt haben. Ich wünsche Ihnen Erfolg bei Ihrer Suche, aber mit meiner Unterstützung können Sie keinesfalls mehr rechnen.«

Ich bin lange im Geschäft und kann wählen, wen ich repräsentieren möchte und wen nicht. Diese Entscheidung steht nicht im Widerspruch zu dem geschilderten Anspruch, »nett« zu sein. Ich muss mich nicht um jeden Preis verkaufen.

Brechen Sie als Kandidat niemals die Brücken zu Ihrem Personalberater ab, denken Sie nie kurzfristig, sondern bedenken Sie, wie viele Jahre im Beruf Sie noch vor sich haben. Situationen sind manchmal verzwickt und Dinge laufen verkehrt. Gehen Sie ehrlich damit um! Auch wenn Sie entlassen worden sind, erwarte ich von Ihnen, dass Sie mir aufrichtig darüber Bericht erstatten. Stehen Sie zu Ihren Fehlern. Wenn Sie hie und da gescheitert sind, ist es keineswegs das Aus für die Zusammenarbeit mit einem Recruiter. Sehr, sehr viele erfolgreiche Menschen sind wenigstens einmal in ihrem Leben gefeuert worden, das gehört fast dazu – wer sich zielstrebig entwickelt, geht selbstverständlich mehr Risiken ein als der Durchschnittsarbeitnehmer. Und manchmal geht eben etwas daneben. Das ist in Ordnung. Aber wenn Sie mich vor meinem Kunden blamieren, wird das Konsequenzen haben. Klarheit ist mein einziges Interesse! Mit einem klaren Ja oder Nein kann ich leben, mit Schwanken, Zaudern oder Versteckspielen kann ich nichts anfangen.

Besonders explosiv reagiere ich auf Ausreden. Ein Satz, der sofort meine Wut entfacht, ist: »Ich musste tun, was für meine Familie das Beste war. Das verstehen Sie doch sicher?« Nein, das verstehe ich nicht, wenn das Timing schlecht ist. Auch ich bin ein Familienmensch und liebe meine Familie, aber ich schiebe sie nicht vor, wenn ich einen Rückzieher machen will, wo ich vorher meine volle Zustimmung gegeben hatte.

Natürlich ist es schwer, als Recruiter an den Punkt zu gelangen, an dem man mit solcher Konsequenz wählen kann. Aber man muss dafür nicht zwanzig Jahre im Geschäft sein. Je eher der Personalberater lernt, Abstand zu wahren, desto durchsetzungsfähiger wird er, desto ernster wird er genommen, desto geschickter wird er Prioritäten setzen und desto mehr Erfolg wird er genießen. Zeigen Sie als Headhunter weniger Verbundenheit mit dem Resultat und mehr Verbundenheit mit den Abläufen. Vertrauen Sie dem Prozess, gehen Sie die Rekrutierungsschritte systematisch durch und nehmen Sie keine Abkürzungen. Dann wird sich der Erfolg von selbst einstellen. Wenn Sie zu verzweifelt danach suchen, führt das zu gravierenden Fehlern. Verzweiflung ist unattraktiv. Auch für Headhunter. Unser Geschäft ist ein Image-Business, Sie brauchen dafür einen Ruf, Verbindungen und Selbstvertrauen – so viel Selbstvertrauen, dass Arroganz nicht notwendig ist, denn sie ist ein Symptom des Gegenteils. Stellen Sie sich vor, Sie sind auf Partnersuche. Keine Frau will einen verzweifelten Tom, Dick oder Harry! Ein Mann mit gutem Ruf, einem Netzwerk von gebildeten Freunden und einem gesunden Selbstbild hingegen wird sie sicher unwiderstehlich finden. Genauso ist es bei uns Headhuntern.

Und es ist nicht unbedingt schädlich für den Ruf eines Headhunters, wenn einmal etwas nicht glattläuft. Wie für den Kandidaten ist es auch für ihn entscheidend, wie er mit der Panne umgeht. Das Fundament unseres Geschäfts ist Vertrauen. Sie müssen sich eine starke Beziehung zu Ihren Kunden und Kandidaten erarbeiten, bevor sie sich Ihnen anvertrauen. Vertrauen muss man sich verdienen, es fällt einem nicht in den Schoß. Und: Es dauert.

Ich liebe die Wahrheit. Sie ist effizient. Mit der Wahrheit verschwende ich weder Zeit noch Energie. Ich kann und muss sie akzeptieren. Wahrheit befreit.

Meine prägendste Erfahrung mit der Unwahrheit hat mich in dem Bestreben gestärkt, als Teilhaberin einer Personalberatung immer durchsetzungsfähig und aufrichtig zu handeln. Ich machte sie vor einigen Jahren, als eine relativ unerfahrene Mitarbeiterin einen Hintergrundcheck vermasselte. Allerdings muss ich ihr zugestehen, dass sie es mit einem regelrechten Kriminellen zu tun hatte, der mit allen Wassern gewaschen war. Sie hatte keine Chance. Kennen Sie den Film *Catch me if you can – Mein Leben auf der Flucht* mit Leonardo DiCaprio und Tom Hanks? Frank W. Abagnale (Leonardo DiCaprio) war angeblich als Arzt, Rechtsanwalt und Pilot einer großen Fluglinie erfolgreich unterwegs, und das im Alter von zwanzig Jahren. Der gesunde Menschenverstand sagt, dass daran etwas faul ist, aber so einen geschickten Blender wie Frank Abagnale zu entlarven ist schwerer, als man annimmt. So etwas Ähnliches passierte in meiner Firma. Es begann mit seinem frisierten Lebenslauf, der, ich habe ihn hinterher selbst inspiziert, absolut glaubwürdig konstruiert worden war. Ein Spitzenkandidat! So war auch die Einschätzung meiner Mitarbeiterin und sie wandte sich ohne Umschweife seiner Vermittlung zu. Ihn unterzubringen war ein Kinderspiel, aber schon in den ersten drei Monaten nach Arbeitsantritt lief wenig nach Plan. Er verbuchte kaum Erfolge, stets lagen »Gründe« vor, warum sich dieses Projekt verzögert hatte oder jener Abschluss in die Hose gegangen war. Als er unter Druck geriet, flatterten die ersten Krankmeldungen ins Haus. Dann gab es einen »Todesfall« in der Familie und die entsprechende Abwesenheit. Nach ein paar Tagen gefolgt vom »Tod« eines weiteren Familienmitglieds. Er musste dringend noch mal weg. Und kehrte nie mehr zurück. »Aufgetaucht« ist er erst wieder in Form der Firmenkreditkartenabrechnungen, die nach und nach eintrudelten. Zahlreiche Übernachtungen in Viersternehotels in New York, Limousinen-Service, obwohl er mit seinem Firmenwagen abgehauen war, absurd hohe Telefonkosten. Mir blieb natürlich eine Reklamation der Personalchefin nicht erspart. Hätten wir denn die Referenzen geprüft? »Ich kümmere mich sofort darum«, versicherte ich und holte mir die Akte aus unserer Datenbank. Sorgfältig abgespeichert fand ich die schriftlichen Zeugnisse sowie die telefonischen Protokolle der tadellosen Referenzen über diesen Kandidaten. Auf den ersten Blick schien alles gut und in Ordnung zu sein. Zu gut, bemerkte ich auf den zweiten. Fast blendeten mich die Zeugnisse, so sehr glänzten die Fähigkeiten dieses »Verkaufsleiters«. Ein siebter Sinn ließ mich stutzen: Aber die Auskünfte lesen sich doch irgendwie alle gleich? Der Schreibstil war auf jedem Dokument identisch, die telefonische Berichterstattung ebenso. Die Aussagen selbst waren eher fadenscheinig, was konkrete Tatsachen betraf. Misstrauisch griff ich zum Hörer und telefonierte alle Referenzgeber auf ihren Handys ab. Überall Voicemail. Auch das ging nicht mit rechten Dingen zu. Absichtlich hinterließ ich nirgends eine Nachricht, sondern rief bei den diversen Firmen an und fragte nach diesen Personen. Keine von ihnen existierte.

Ich berichtete dem Kunden davon. Umgehend wurde von meiner Kundenfirma ein Privatdetektiv beauftragt. Zeit verstrich. Der Ermittler scheiterte. Ich »fahndete« weiter. Angespornt von meiner riesigen Wut über diese Blamage, bat ich meinen Kunden um die Telefonabrechnungen des Schurken und wir gingen sie akribisch durch. Dabei fiel uns ein Muster auf. Es tauchte immer wieder eine Nummer auf, die ausnahmslos angerufen wurde, nachdem die angegebenen Referenznummern angewählt worden waren. Das hieß, der Betrüger musste diese Nummern angerufen haben, um die Nachrichten abzuhören, und wählte dann jedes Mal hinterher diese Person an. So gelang es meinem Kunden und mir, den angeblichen Referenzgeber aufzuspüren. Es handelte sich, so stellte sich heraus, bei den Referenzen unseres Kandidaten immer um die gleiche Person. Jedes Zeugnis führte zu ihm. Wir schnappten ihn in einem Restaurant in Chicago, wo er als Koch angestellt war.

Durch diese Entlarvung konnten wir die Spur zu dem Betrüger aufnehmen. Wir schafften es, das Auto zurückzubekommen, und mein Kunde drohte mit der Polizei, falls er nicht auf Heller und Pfennig alle Schäden zurückerstatte.

Unser Kunde machte uns keine Vorwürfe, sondern hielt zu uns. Wir bemühten uns sehr, die Sache, so gut es ging, wieder ins Lot zu bringen, verstrickten uns nicht in dumme Ausreden und entzogen uns nicht unserer Verantwortung. Wir hatten auch nicht versucht, irgendwelche Tatsachen zu manipulieren oder zu verschweigen. Wir waren wirklich hereingelegt worden wie nie zuvor. Der Kunde wusste das und zusammen mit dem Vertrauensvorschuss, den wir uns über die Jahre erarbeitet hatten, brachte es uns eigentlich nur näher zusammen.

Emotional blieb ich wie besessen von dem Betrüger und fantasierte mir teuflische Rachemaßnahmen zusammen, sollte ich ihn je wieder in die Finger bekommen. Aus diesem Grund hielt ich stets in der Presse Ausschau nach seinem Namen. Ich musste nicht lange warten. Nach wenigen Monaten wurde meine Ausdauer belohnt: Ich las in einer Seattle-Tageszeitung, man habe ihn als Hochstapler und Betrüger verhaftet. Er hatte vorgegeben, der Hauptdarsteller einer Broadway-Produktion zu sein, und war aufgeflogen. Die Polizei fand in seiner Wohnung eine komplette Scheck- und Kreditkartenfälschungsanlage. Wie sich herausstellte, wurde der Betrüger bereits in mehreren Bundesstaaten gesucht.

Nach diesem Vorfall intensivierten wir umgehend unser Training und verschärften unsere Vorgänge und Praktiken in Bezug auf Hintergrundprüfungen. Es kam nie wieder zu einem solchen Unglücksfall.

Auch legale Rangeleien gibt es hin und wieder. Aber wenn man sich seiner rechtlichen Pflichten bewusst ist und ethisch handelt, wird man davon kaum geplagt. In unserer Beratung achten wir auch auf die arbeitsvertraglichen Verpflichtungen unserer Kandidaten. So vermitteln wir zum Beispiel niemanden in eine Anstellung, die gegen bestimmte Wettbewerbsklauseln verstoßen würde. Zwar haben wir strenggenommen keine vertraglichen Obliegenheiten, aber wir möchten keine Komplizenrolle spielen oder jemanden dazu verleiten, seinen Vertrag zu brechen. Dadurch würden wir uns in der Tat mitschuldig machen.

Mein Recht darauf, das Headhunting als Tätigkeit ausüben zu dürfen, verteidige ich vehement. Vor nicht so langer Zeit erhielt ich ein Schreiben einer Rechtsanwaltskanzlei, die mir Wilderei vorwarf und mir das »Ausschlachten« des Unternehmens ihres Mandanten zu verbieten versuchte. Sollte ich das Verbot missachten, so drohte man mir, würde man beantragen, dass jegliche Kommunikation zwischen meinen Mitarbeitern und denen dieser Firma gerichtlich untersucht wird. Als Begründung nannte man das Auseinanderreißen der Firmenstruktur und das Stören der Geschäftsabläufe sowie die Demoralisierung der Belegschaft.

Ich machte mir nicht einmal die Mühe, auf diesen Unsinn zu antworten. Ich lebe in einem freien Land, ich darf telefonieren, mit wem ich will, und die Angestellten sind keine Sklaven der Firma, sondern in der freien Marktwirtschaft tätig und durchaus berechtigt, andere Angebote abzuwägen. Damit zu kontern erübrigte sich, ich hörte nie wieder etwas in dieser Angelegenheit. Allerdings wurde mir dadurch klar, dass man mit Umsicht vorzugehen sollte. Nicht *dass* man kommuniziert, sondern *wie* man kommuniziert, könnte einem als Headhunter durchaus einmal zum Verhängnis werden, sollte man sich nicht immer absolut professionell verhalten.

Doch muss ich gestehen, dass genau diese Art des Nervenkitzels mit meiner Liebe zu meinem Beruf verbunden ist. Das geht vielen Beratern so, bewusst oder unbewusst. Ich liebe es zu wissen, dass ich das Leben eines anderen fundamental beeinflussen kann. Ich kann gute Dinge hervorzaubern. Ein einziger Anruf von mir kann das Leben eines Kandidaten komplett verändern. Dabei fühle ich mich nicht gottähnlich. Ich bin auch nicht in das Trugbild meiner Macht verliebt, sondern freue mich einfach, dass ich eine bedeutende Aufgabe habe, die direkt belohnt oder bestraft wird – je nachdem, ob meine Entscheidung klug oder dumm ist. Darüber die volle Kontrolle zu behalten und die Verantwortung selbst übernehmen zu können, bedeutet für mich wirkliche Macht und Freiheit.

Doch die Lust an der Macht ist die Achillesferse der Headhunter. In diesem Beruf geht man durch ein erstes Stadium der absoluten Hilflosigkeit, wenn Vermittlungschance nach Vermittlungschance an einem vorüberzieht, gefolgt von den ersten Erfolgen, die einem schnell vorgaukeln, man wäre allmächtig. Es sind Recruiter mit mittlerer Erfahrung, die sich am meisten daran ergötzen, aber früher oder später treibt ihnen der Alltag diesen Blödsinn wieder aus. Die, die darauf beharren, bezahlen ihren Preis. Hohe Schulden, verursacht von teilweise immensen, aber unregelmäßigem Einkommen, sind ein häufiger Kollateralschaden in dieser Phase. Mangelhafte Achtung für körperliche Bedürfnisse führt zu Gesundheitsschäden, Beziehungen leiden unter den langen, anstrengenden Arbeitstagen und der extremen Arbeitsverschleppung in die Feierabende und Wochenenden hinein. Sie glauben, sie stünden über den Naturgesetzen, und verdrängen Anflüge von Einsicht mit noch mehr Arbeitswut. Mit verwirrter Seele, komplett vernachlässigtem Körper und zerstörten Beziehungen flüchten sich nicht wenige meiner Kollegen in die Alkohol- und/oder Drogenabhängigkeit. Ein sehr bekannter Headhunter und Trainer aus den USA, eine Ikone unserer Branche, starb vor einigen Jahren an den Folgen von Kokainmissbrauch.

Aber für die meisten stellt sich irgendwann eine gesunde Demut ein, sie erreichen die Balance zwischen Selbstvertrauen und dem Bewusstsein gewisser Grenzen. Dann erlebt man die tiefe Zufriedenheit, die auch ich bei der Ausübung meines Berufes empfinde. In diesem Stadium verkraftet man den Druck des Rennens nicht nur, sondern genießt ihn. Und der Druck ist enorm, vor allem bei erfolgsabhängigen Geschäftsmodellen. Eine Weile lang war der Heilige Gral des Headhunting die vorschussbasierte Suche, aber das ändert sich mehr und mehr. Auch ich wollte damals mit meiner Agentur auf diesen Zug springen und trainierte mein Team um. Inzwischen habe ich eingesehen, dass das nichts für uns ist. Wir bleiben bei der Provisionsvergütung. Ich schätze meine Freiheit über alles und fühlte mich damals eingeengt durch die manchmal unerfüllbaren Forderungen von Kunden, die Abschlagszahlungen geleistet hatten. Viele von ihnen waren absolut unrealistisch – die »eierlegende Wollmilchsau« konnte ich weder finden noch erfinden. Im Provisionsgeschäft informiere ich meinen Kunden, wenn mir so eine Anfrage zu dumm wird, lasse den Auftrag fallen und wende mich dem nächsten zu. Ich bin dem Kunden nichts schuldig und kann frei entscheiden, welche Aufträge ich bearbeite. Auch ist das Provisionsmodell für mein Unternehmen lukrativer. Der Druck, dass man nichts verdient, bis man einen Erfolg verbuchen kann, erhöht die Produktivität des Teams und des Individuums. Kapitalismus pur – wir Amerikaner kommen damit gut klar. Ich hasse das Gefühl, mich kaufen zu lassen oder eines Kunden Eigentum zu werden. Ich bin eine Unternehmerin und alle meine Mitarbeiter sind sozusagen die Geschäftsführer ihrer Projekte.

Deshalb finde ich es nicht schwer, auch privat zu netzwerken. Ich kann und will es nicht abstellen. Wenn mein Mann und ich zu einer Cocktailparty eingeladen sind, beschwört er mich schon beim Hinfahren: »Heute Abend bitte keine Leute interviewen, Schatz.« Aber ich verspüre eine natürliche Neugier, die ich einfach nicht bekämpfen kann. Der gute Ton diktiert, man solle Leute nicht nach ihrem Beruf fragen. Aber warum eigentlich nicht? Es interessiert mich, und wir Menschen identifizieren uns nun einmal mit unserem Beruf. Ich bin eben ein Recruiter durch und durch. Mein Schwiegervater war zeitlebens ein Feuerwehrmann. Er ist längst in Rente, aber er sieht sich nach wie vor mit Stolz als Feuerwehrmann. In der Tiefe seines Herzens wird er immer einer sein, auch wenn er Jahrzehnte keine Brände mehr gelöscht hat. So geht es auch mir.

Hintergrund

Was Jenifer berichtet, kann ich nur bestätigen. Klare, wahrhaftige Kommunikation wird auch in der Zusammenarbeit mit dem Kunden geschätzt. Sie ist das Fundament einer jeden erfolgreichen Vermittlung.

1. Je besser sich der Arbeitgeber mit dem Personalberater abspricht, desto besser stehen die Chancen auf einen Einstellungserfolg. Insbesondere schätzt der Headhunter dabei folgende Vorgehensweisen:

- Rückrufe innerhalb der abgesprochenen Zeiträume – das ist wahrscheinlich das allerwichtigste.
- Eine termingerechte Abwicklung des Auftrags auch vonseiten des Kunden. Nach zwei oder drei Präsentationen ohne Feedback sprechen wir von einem »schwarzen Loch«, hören mit der Suche auf und wenden uns einem anderen Auftrag zu, bis wir wieder von dem Kunden gehört haben.
- Begründete Absagen. Wir geben die jeweilige Begründung nicht weiter, wenn das nicht erwünscht ist, wir müssen aber wissen, warum ein Kandidat abgelehnt wurde, um effizient fortfahren zu können.

2. Faire Vergütung und eine Wertschätzung der Dienstleistung. Das ist nicht nur aus praktischen finanziellen Gründen wichtig, sondern motiviert den individuellen Berater zu größerem persönlichen Einsatz.

»Sie machen einmal die Schublade auf und dafür wollen Sie so viel Geld?« Das habe ich immer wieder gehört und genau solche Kommentare sind es, die uns demoralisieren. Aber aus Kundensicht ist dieser Einwand durchaus verständlich und in der Tat ist es sehr schwer, das Honorar zu rechtfertigen, ohne den Kunden mit Hunderten von Details zu langweilen, die den

Rekrutierungsprozess vom Anfang bis zum erfolgreichen Ende begleiten. Deshalb werde ich auch hier nicht erläutern, wie die Honorarkalkulation zustande kommt, sondern gebe stattdessen einen ehrlichen Einblick in die innerbetriebliche Problematik einer provisionsbasierten Personalberatung wie Jenifers. Dabei möchte ich an Ihr unternehmerisches Verständnis appellieren, bevor ich Ihnen im Anschluss einige Tipps zum Verhandeln des Honorars mit auf den Weg gebe.

ᴥ Headhunting ist eine menschenverbundene Dienstleistung. Aus diesem Grund gab es in den letzten zehn Jahren, in denen »Arbeitskraftsuchmaschinen« auf den Markt kamen, keine finanziellen Einbrüche für Personalberatungen im Allgemeinen. Im Gegenteil: Die Branche wächst stetig weiter. Denn selbst wenn man ein geeignetes Kandidatenprofil entdeckt – vom Ziel ist man noch sehr weit entfernt! Das Engagement, das der Berater aufbringt, um für das gesuchte Profil einen passenden Arbeitnehmer zu finden, erfordert Fleiß, Kunstfertigkeit und Wissenschaft.

ᴥ Und hier liegt das größte Problem: Gute Headhunter sind intelligente und einfühlsame Menschen. Sie sind analytisch und handlungsorientiert. So manchem Analytiker mangelt es an der Fähigkeit, seine Erkenntnisse praktisch umzusetzen, und viele aktionsfreudige Menschen stürzen sich in einen Ablauf, ohne die Konsequenzen richtig zu durchdenken. Headhunter müssen in der Lage sein, beides zu 100 Prozent zu beherrschen. Solche Arbeitskräfte sind teuer, in jeder Branche. Hinzu kommt, dass kein einziger Schritt automatisch abläuft, jeder einzelne hängt mit dem Geschick und Engagement des Beraters zusammen.

ᴥ Headhunting ist ein Imagebusiness. Alles, was mit Image zu tun hat, kostet sehr viel Geld. Gehobene Büroräume, hochwertige Druck- und Papierqualität bei Präsentationen, eine hochkarätige Internetpräsenz, ansprechende Inserate auf und Zugang zu den besten und teuersten Karriereportalen – all das geht ins Geld.

➤ Gute Personalberatungen investieren beachtliche Summen in die Fortbildung ihrer Mitarbeiter in Bezug auf Interviewtechniken, die neusten Suchmethoden und moderne Kandidatenbetreuung. Nicht selten werden sie hierfür nach Großbritannien oder Amerika geschickt.

➤ Die Beschaffung und Wartung einer guten Rekrutierungsdatenbank und die Sicherung dieser Daten ist ein wesentlicher Bestandteil des Erfolgs eines Beratungsunternehmens. Auch hier darf nicht gespart werden.

Viele dieser Ausgaben vermeidet »Agentur Lieschen Müller«, die ihre Vermittlungen von ihrer Garage aus betreibt. In solchen Agenturen gibt es Berater mit einem guten Händchen, die wertvolle Fachkräfte finden können. Und aufgrund der geringeren Kosten bietet sich hier ein guter Verhandlungsansatz. Recherchieren Sie also im Vorfeld die Größe der Beratungsfirma. Prinzipiell gilt: je kleiner und je länger im Geschäft, desto niedriger die Kosten.

Wenn Sie aber die Expansion Ihres Unternehmens ernst nehmen und Zugriff auf einen größeren Kandidatenpool wünschen, kommen Sie auf Dauer nicht umhin, mit einer angesehenen Firma zusammenzuarbeiten. Wie also können Sie auch da verhandeln?

a) Machen Sie keine abwertenden Kommentare, wobei der »Schubladen-Einwand« so verletzend ist, dass er nur dann etwas bringt, wenn Sie es mit einem absolut verzweifelten Berater zu tun haben, der seit drei Monaten keine Vermittlung mehr getätigt hat. Wenn ein guter, erfolgreicher Berater diesen Kommentar hört, beginnen seine Gedanken sofort darum zu kreisen, wem er sich als Nächstes zuwenden kann.

b) Verhandeln Sie gleich zu Beginn. Das respektiert der Head-hunter und empfindet es als fair, weil er diesbezüglich noch keine Schritte unternommen und so die Chance hat abzulehnen, nachdem er den Auftrag durchkalkuliert hat. Außerdem ist sein Arbeitsmut da noch frisch: Er freut sich auf einen neuen Kunden und einen neuen Auftrag. Headhunter reizen neue Herausforderungen und Projekte.

c) Provisionsbasierte Personalberatungen müssen ihre hohen Kosten vorfinanzieren, deshalb sind sie immer offen für einen günstigen Zahlungsmodus ihrerseits. Bieten Sie an, die Rechnung sofort zu begleichen – unter Abzug eines angemessenen Skontos. Vor allem die größeren Kunden verlangen aufgrund Ihrer Einkaufspolitik genau das Gegenteil, nämlich einen langfristigen Zahlungsmodus. Für kleine, aber gute Personalberatungen sind solche Konditionen jedoch eher unattraktiv. Kunden, die das verstehen, machen daher für die Einstellung eines wichtigen Arbeitnehmers Ausnahmen, auch wenn die allgemeine Regelung es anders vorschreibt.

d) Eine gute Verhandlungsmöglichkeit bietet sich in der Kulanzgarantie. Versuchen Sie, diese zu verlängern oder statt eines Ersatzkandidaten eine Rückerstattung oder Gutschrift zu erzielen. Viele Berater sind diesbezüglich offen, vor allem wenn Sie großen Wert auf die Zufriedenheit ihrer Kunden legen.

e) Machen Sie keine leeren Versprechungen nach dem Motto: »Wenn Sie mir die erste Vermittlung für 18 Prozent anbieten, zahle ich Ihnen 20 Prozent für die nächste und 25 Prozent für die dritte.« Erfahrene Headhunter werden das sehr skeptisch angehen, denn ihre Erfahrung widerlegt die Wirksamkeit dieser Theorie. Sie werden denken: Wer ein Mal für 18 Prozent vermittelt hat, geht damit nie wieder hoch. Machen Sie es eher umgekehrt – damit haben Sie unter Umständen Erfolg.

f) Drücken Sie den Preis der Beratung nicht so weit nach unten, dass sie hinter den Kulissen an Qualität verliert. Vor Kurzem bauten wir zu Hause ein Gebäude aus Wellblech, in dem wir diverse Sachen unterstellen wollten. Ich verhandelte und verhandelte und schließlich gab der Kleinunternehmer nach. Mit dem Resultat, dass wir jetzt zwar einen Unterstellplatz für unsere Sachen haben, das Blech aber so hauchdünn ist, dass wir bei der geringsten Windbö stets fürchten müssen, dass uns das Dach davonfliegt – von der Einsturzgefahr ganz zu schweigen. Die Schlacht hatte ich zwar gewonnen, den Krieg aber verloren. Wie ich schon sagte: Die Kosten sind je nach Firmengröße und Qualität verschieden, auch der Firmenort spielt eine Rolle und die Einkommensgrenzen der Kandidaten. Sie können aber davon ausgehen, dass ein Honorar unter 20 bis 25 Prozent für eine qualitativ hochwertige Beratung nicht rentabel und daher uninteressant ist.

g) Gegenüber Rückerstattungen bei Erreichen eines Vorgabeziels sind die meisten Beratungen aufgeschlossen. Es ist anfangs etwas mühsam, das zu prognostizieren und zu kalkulieren, aber wenn Sie über einen gewissen Zeitraum sehr viele Einstellungen vornehmen möchten, kann es sich lohnen. Hierzu schlagen Sie ein gewisses Umsatzziel vor. Zum Beispiel: Beim Erreichen eines Umsatzes von 600.000 Euro im Zeitraum 1.1. bis 31.12. errechnet sich ein nachträgliches Skonto, das zurücküberwiesen oder im neuen Jahr als Gutschrift angerechnet wird.

h) Auch sehr attraktiv kann eine Pauschalvergütung sein. Für beide Parteien. Errechnen Sie zusammen statt einer prozentualen Regelung einen Festbetrag für den Auftrag. Unabhängig davon, was der Kandidat dann verdient, wissen Sie genau, was Ihnen der Auftrag wert ist und was er Sie kostet. Und die Beratung weiß genau, was sie daran verdienen wird.

Den Geldbetrag vor Augen zu haben motiviert – wenn auch meist unbewusst.

i) Es ist häufig so, dass das Honorar vom verzweifelt suchenden Unternehmer zunächst akzeptiert wird. Wenn dann allerdings die Angebotsunterbreitung ansteht oder die Rechnung ins Haus flattert, wird der Betrag vom Unternehmer in seinem Ausmaß erst so richtig erfasst. Dieser Schock verleitet manche Kunden dazu, die Verhandlung neu aufzurollen oder – schlimmer noch – den Berater damit zu erpressen, dem Kandidaten mitzuteilen, man könne mit der Angebotsunterbreitung nicht fortfahren, weil das Beraterhonorar zu hoch sei. Wir Personalberater empfinden das als unlauter und wenige werden sich diesbezüglich unter Druck setzen lassen. Wenn Sie also so etwas tun, wird es gleich zweierlei sein: das erste und das letzte Mal. Diese Beratung haben Sie für zukünftige Geschäfte verloren.

Sehen Sie hierzu auch Kapitel 14: *Das Honorar*.

EIN HEADHUNTER, DER SEINEN JOB HASST

»Ich fühle mich oft wertlos und wie ein Hampelmann«

Edward Lewis, 36,
Executive Search Consultant, London, Großbritannien

Seit zehn Jahren bin ich Headhunter. Seit zehn Jahren hasse ich meinen Job. »Warum macht er ihn dann?«, fragen Sie sich zweifellos. Aus Mangel an Alternativen. Ich habe nichts anderes gelernt und die Kunst des Headhunting zu erlernen war schwer genug. Ich war nie besonders fleißig, bin es auch jetzt nicht. Meine Kontakte und Techniken einzusetzen ist leichter, als gegen den Strom zu schwimmen und mich um eine neue Karriere zu bemühen. Nun ja, als Karriere sehe ich meinen Job eher nicht. Das ist einer der Gründe, warum ich ihn hasse. Ich fühle mich oft wertlos und wie ein Hampelmann. Insider wissen, dass man die Macht eines Headhunters nicht überschätzen darf. Eigentlich haben wir keine. Dem Anschein nach haben wir die Kontrolle über das Auswahlverfahren und bestimmen, wer den Job bekommt und wer nicht – aber der Schein trügt. Der Kunde trifft die Entscheidung. Da wir selbst die Fähigkeiten, die gesucht werden, nicht besitzen, sind wir komplett auf unsere Kandidaten angewiesen. Und das bedeutet, ihre Launen tolerieren zu müssen. Ich vermittle »echte« Berufe und bewundere und beneide jene, die ein bestimmtes »Handwerk« gelernt haben und um die man täglich buhlt. Ich gehöre nirgends hin. Meinen Beruf gibt es eigentlich gar nicht.

Es begann, wie gesagt, vor fast genau zehn Jahren. Damals teilte ich meine Londoner Swiss-Cottage-Bude mit einer Bekannten. Sie war bei einer Executive-Search-Firma angestellt und überredete mich zu einer Bewerbung – mit den wichtigsten Argumenten überhaupt: Es sei kinderleicht, Fleiß sei nicht erforderlich und das Geld stimme. Das sprach mich an.

Ich stamme aus der englischen Aristokratie. Mein Großvater war ein hohes Tier in der Royal Air Force, mein Vater ein angesehener Diplomat. Zufällig wurde ich in Stockholm geboren und verbrachte dort meine ersten Lebensjahre, bevor meine Eltern nach Südamerika zogen. Statt mich mitzunehmen, steckten sie mich in ein britisches Internat für privilegierte Fratzen.

Das Universitätsstudium war vorprogrammiert, nur gab es ein Problem: Ich hatte keine Lust auf Lernen und Interesse an so gut wie nichts, außer der weiten Welt. Also gewährte man mir nicht nur das übliche Gap Year[6], sondern gleich zwei in Folge. Ich verbrachte beide Jahre als Rucksacktourist und bereiste sämtliche Kontinente, einschließlich Antarktika. Die meiste Zeit verplemperte ich in Südamerika und Zentralafrika. Wenn in den überfüllten Überlandbussen kein Platz mehr war, setzte ich mich aufs Dach, zusammen mit Hühnern in Käfigen, angebundenen Hunden und Gerümpel, das so etwas wie Gepäckstücke darstellen sollte.

Als es sich nicht mehr vermeiden ließ, musste ich mich für einen Berufszweig entscheiden. Es gelang mir, das mit einem dritten und letzten Gap Year hinauszuzögern, bevor ich mich auf ein Studium in Moderner Geschichte festlegte. Hierzu wählte ich die Bristol University. Das war ein guter Griff, das Studium strengte nicht an und bot weitere Reisegelegenheiten. Irgendwann drehte mir meine Familie den Geldhahn ab und so landete ich einen Teilzeitjob in einer dubiosen Private-Client-Fund-Management-Firma in der City, dem Finanzviertel Londons.

Meine Aufgabe bestand darin, Kundenakten abzulegen. Schon bald hatte ich den Dreh mit den alphabetischen und numerischen Systemen heraus und fing an, mich zu langweilen. Dann kam meine Wohnungsgenossin auf die glorreiche Idee, in ihrer Headhunting-Firma nachzufragen, ob ein Researcher gebraucht würde. Ja, Researcher könne man immer brauchen, hieß es. Beeindruckt von meinem beachtlichen Allgemeinwissen sowie meinem geografischen und demografischen Verständnis, stellte man mich schnurstracks ein.

Und dann war es lange Zeit vorbei mit der Langeweile. Die Aussagen, mit denen meine Bekannte mich angelockt hatte, erwiesen sich als falsch. Es sei intellektuell nicht herausfordernd, ich müsse nur ein bisschen herumtelefonieren, hatte sie mir versprochen. Aber dem war nicht so. Die – für mich sehr wohl intellektuelle – Herausforderung bestand nämlich darin, kreativ sein zu müssen. Das fiel ihr leicht, aber mir eben nicht. Mein theoretisches Wissen herunterzurattern, half mir nicht, ich musste mir wirklich etwas einfallen lassen, um an die Kandidaten heranzukommen.

Das noch weit größere Problem lag in dem »bisschen Herumtelefonieren«. Wie konnte ich ahnen, dass ich buchstäblich den ganzen Tag am Hörer hängen würde und täglich drei bis vier Stunden Telefonzeit abrackern musste. Diese Gespräche werden im Allgemeinen sehr kurz gehalten, damit man nicht auffliegt. Sehr viele Telefonate sind erforderlich, um sich diesen Zielvorgaben auch nur zu nähern. Die Rechnungsstellung in dieser Organisation war damals so beschaffen, dass Telefonzeit und -gebühren abgerechnet wurden. Je mehr ich telefonierte, desto mehr verdiente meine Firma an mir. Heute ist das eher unüblich. Auch telefoniert man heute weniger, weil das Internet eine Alternative bietet und bis zu einem gewissen Grad auch sehr effektiv ist. Hinzu kam, dass ich von Haus aus kein besonderes Telefoniergeschick mitbrachte. Ich bin in höchstem Maße introvertiert, sehe mich als Denker, nicht als Redner. Kommunikationsfähigkeit: mangelhaft. Kaum brachte ich es fertig, meine jeweilige Freundin ab und zu anzurufen. Und dann das. Ein Albtraum! Noch dazu in London.

Wir bewegten uns ausschließlich im Bereich der finanziellen Dienstleistungen und schon damals wurde das Personal, das für das Entgegennehmen von Anrufen verantwortlich war, darauf getrimmt, Leute wie mich abzuwimmeln. Meine Bemühungen, Informationen zu erhalten, standen im täglichen Konflikt mit ihrem Ausbildungsziel, Informationen vor unbekannten Anrufern zurückzuhalten. Dass ich meine Nervosität und Unsicherheit nicht verbergen konnte, offenbarte sich selbst den Anfängern unter den Gatekeepern. Stets klang ich schon nach wenigen Sekunden windig und verdächtig und wurde blitzschnell abgewiesen, wann immer ich einen Versuch startete. Eine schlimme Zeit. Entsetzlich!

Der Energieaufwand war enorm, todmüde und deprimiert fiel ich jeden Abend ins Bett. Mein gesellschaftliches Leben war ausradiert, mein Dasein ein Schrecken ohne Ende. Dennoch, die Energielosigkeit bescherte mir einen Vorteil: Es blieb mir nicht genug Kraft, über einen anderen Berufszweig auch nur nachzudenken, also machte ich mechanisch weiter und etablierte mich immer mehr in dieser Branche. Außerdem war ich froh, überhaupt eine Arbeit zu haben, die noch dazu in den Ohren meiner Familienmitglieder sehr wichtig klang.

Nur mein gewiefter Großvater durchschaute schnell, worum es bei meiner Arbeit ging. »Nun, Sohn«, sagte er nach meiner ersten Berichterstattung über meinen Tagesablauf trocken, sich nachdenklich über den Bart streichend, »das hört sich fast an wie Pferdehandel, nur unehrlicher, aber irgendwann findest du dadurch sicher einen echten Job.« Ich fühlte mich vollkommen durchschaut, aber seinen amüsierten Gesichtsausdruck interpretierte ich schließlich dankbar als Billigung meiner Tätigkeit. Meine Anspannung löste sich und mit der Zustimmung meines geliebten Großvaters ging es mir bald besser.

Je länger ich bei der Firma blieb, desto weniger dachte ich über andere Optionen nach. Aber ich führte meine Gespräche weiterhin mit nervöser Hektik, ratterte Skripte herunter, wagte kaum zu atmen, zu lachen oder meine humorvolle Persönlichkeit irgendwie hervorblitzen zu lassen, vor allem nicht in den ersten zwei Minuten eines Telefonats. Ach, wie war ich armselig dankbar für diesen jämmerlichen Job! Vor Anspannung vergaß ich oft die Grundregeln – nach Mobiltelefonnummern zu fragen zum Beispiel, oder nach weiteren Hinweisen. Ich war sechsundzwanzig und näherte mich einem Nervenzusammenbruch.

Ich erinnere mich an einen kurzen Skiurlaub in Gstaad. Beim Gedanken an meine Tätigkeit in London stellte ich mir vor, auf meinen Skiern in einen Baum oder besser gleich in einen Betonblock zu rennen, nur brachte ich den erforderlichen Schneid nicht auf. In der letzten Nacht hatte ich beim Après-Ski ein paar Schnäpse über den Durst getrunken, um London zu vergessen, und fiel in einen süßen Traum. Ich träumte, ich sei gefeuert worden. Beim Aufwachen fühlte ich mich glücklich und beflügelt. Ich versuchte krampfhaft, wach weiterzufantasieren, aber irgendwann setzte die Realität doch ein und holte mich in meinen wahren Albtraum zurück: Am darauffolgenden Montag musste ich wieder *telefonieren*.

Kurze Zeit später wurde mein Traum wahr. Ich wurde tatsächlich entlassen, aus betriebsbedingten Gründen, hieß es. Natürlich sei es keine Bewertung meiner Leistung, hieß es. Ich würde schnell wieder unterkommen, hieß es ferner. Alles Lügen, bis auf die letzte Aussage. Ich huschte postwendend zur nächsten Beratung und fing wieder als Researcher an. Ich konnte nichts anderes.

Irgendwann entwickelte ich doch einen rudimentären Telefonstil, lernte, Atempausen einzulegen, und begann, den ganzen Zinnober als etwas erträglicher zu empfinden. Und mit jedem Jahr gelang es mir, mehr Gesprächskontrolle zu erlangen und weniger Geschichten auftischen zu müssen. Auch Pseudonyme erübrigten sich irgendwann. Je wichtiger und bestimmter man klingt, desto leichter ist es, bei der Wahrheit zu bleiben. Ich freundete mich langsam mit meinem Researcher-Dasein an. Dann passierte es. Ich selbst wurde von einem Headhunter angesprochen und machte eine interessante Erfahrung, denn bei dem Anruf überkam mich ein Anfall extremer Paranoia. Wir saßen in einem Großraumbüro und ich war wie gelähmt vor Angst, jemand könnte mithören. Ich bin es noch, wann immer ich selbst angesprochen werde.

Durch dieses Angebot stieg ich zum Personalberater auf. Ich hoffte auf mehr Entscheidungsfreiheit, aber die neue Rolle brachte weitere Komplikationen mit sich. Jetzt musste ich mich auch noch um Kunden bemühen. Der positive Aspekt lag darin, dass ich nun bei einer weltweit anerkannten Executive-Search-Firma angestellt war. Zu dieser Zeit gab es im Nachbarland Deutschland ein neues Verbot: Man durfte potenzielle Kandidaten nicht an ihrem Arbeitsplatz anrufen. Die deutschen Recruiter-Kollegen flippten aus vor Furcht über das neue Gesetz. Darum drehte unser internationales Management den Spieß einfach um und beauftragte das Londoner Büro, die deutschen Aufträge zu bearbeiten, und umgekehrt.

Suchaufträge der Büros aus Frankfurt, München und Berlin – ziemlich wenig kam aus Berlin, das meiste aus Frankfurt – fielen nun mir zu und das machte meinen Alltag etwas spannender. Mich erstaunte, wie leicht es für mich war, dort telefonisch durchzukommen. Vielleicht lag es an der deutschen Effizienz oder an meiner Stimme, die trotz meiner Jugend schon damals sehr tief war. Auch weckte meine pompöse Internatssprache anscheinend Ehrfurcht bei meinen deutschen Anlaufstellen. Alle Unterhaltungen führte ich auf Englisch, bis auf den ersten Ansatz. Ich erinnere mich noch daran, eingebläut bekommen zu haben, ganz fordernd nach einer Zielperson zu fragen, indem ich sage: »Herrn/Frau Soundso bitte.« Oft war das nicht mehr als ein fiktiver Name, um ins Gespräch zu kommen. Sobald die Konversation angelaufen war, legte ich auf Englisch los und kam damit durch. Was mich auch überraschte, war, wie gut die Deutschen englisch sprachen, fast besser als viele meiner englischen Zeitgenossen.

Unter den deutschen Kandidaten wurde schnell ein ganz bestimmtes Muster sichtbar: Sie waren alle akademisch höchst gebildet, fast alle waren Diplom-Kaufmann oder hatten Betriebswirtschaft studiert, und zwar bis zum sieben- oder achtundzwanzigsten Lebensjahr, was uns Briten sehr amüsierte. Wie kann man bloß neun Jahre lang studieren? Aber beschwert haben wir uns nicht darüber – sie waren kinderleicht zu vermitteln, sehr höflich, kooperativ und in jeder Beziehung äußerst zivilisiert. Der Umgang mit ihnen verwandelte mein mangelndes Selbstbewusstsein in die gesunde Arroganz eines britischen Headhunters.

Das kann ich von den französischen Kandidaten nicht behaupten. Denn für diese Aufträge aus dem kommerziellen Bereich sprachen wir auch Kandidaten aus Frankreich, Italien und Spanien an. Ich entwickelte sofortig eine Aversion gegen französische Kaufleute. Sie machten einfach alles falsch, neigten dazu, überenthusiastisch zu reagieren, erwiesen sich oft als unaufrichtig und emotional instabil. Wir nannten sie schlicht »Twats«[7] Das kommt davon, wenn jemand seine Zeit damit verbringt, über Philosophie zu quatschen.

Unsere Italiener hingegen waren lustig, fröhlich und gelassen. Wunderbar gelassen, vor allem in Sachen Diskretion. Hinweise zu sammeln war nirgends einfacher als in Italien. Stellte man eine direkte Frage, schoss einem sofort eine Antwort entgegen, die konkreter nicht hätte sein können, mit Kapitel und Vers. Name, Alter, Erfahrung und Ausbildung wurden präzise angegeben, zusammen mit ganzen Abteilungsstrukturen. Titel und Rang waren sehr wichtig für die italienischen Kandidaten, das Bewusstsein für Unternehmenshierarchien war stark ausgeprägt. Recherchen machten viel Spaß in Italien. Die Endauswahl hingegen erwies sich als äußerst knifflig. Eine gewisse Universität, ihren Namen will ich verschweigen, verteilte anscheinend grundsätzlich nur Summa-cum-laude-MBAs, nicht selten mit 108 von möglichen 110 Punkten. Wie das möglich sein konnte, sei dahingestellt. Für uns Headhunter jedenfalls erwies sich das Ausfiltern als enorm arbeitsintensiv.

Ein Vorfall amüsiert mich bis heute. Wir rekrutierten Absolventen im Auftrag einer repräsentativen amerikanischen Unternehmensberatung für deren MBA-Programm. Sie mussten vor allem eine Anforderung erfüllen: geschliffen genug zu sein, um in die eitle Firmenkultur zu passen. Also zauberten wir einen

Polo spielenden, Ferrari fahrenden, aalglatten Italiener aus dem Hut, einen echten Charmeur. Nach diversen Vorgesprächen fand eine Videokonferenz statt, an der auch ich teilnahm. Videokonferenzen waren damals technisch noch nicht ausgereift und sind es bis heute nicht. An diesem Tag funktionierte die Bildübertragung unsererseits nicht, wir konnten ihn aber sehen. Er ging davon aus, ebenfalls unsichtbar zu sein, und schnitt zahlreiche Grimassen, leckte sich den Mittelfinger, strich damit über seine Augenbrauen, setzte mal ein sexy Gesicht auf, dann ein cleveres. Wir gaben keinen Laut von uns, was schwer war, weil wir uns alle vor Lachen krümmten.

Anders die Spanier. Die Arbeit mit ihnen war angenehm und unkompliziert. Meine vielen Reisen durch Südamerika hatten mich mit einem ganz passablen Spanisch ausgestattet und ich fand, die Katalonier und ihre Landsleute kamen schnell auf den Punkt, sagten offen, was sie dachten, und gestalteten die Zusammenarbeit einfach und freundlich.

Südafrikaner waren in London leicht vermittelbar, obwohl die Kunden davon ausgingen, sie schlechter bezahlen zu können, was nie der Fall war. Kanadier hingegen gaben sich verworren und konfus, vor allem die französischsprachigen. Australier empfand ich als zu grob und zickig und die Amerikaner ähnelten den Deutschen. Sie kamen scheinbar alle vom Fließband: Ivy League, GPAs von 3.6 aus 4.0 und darüber, Mitglied irgendeiner merkwürdigen Studentenverbindung (ein gewisser Greengrocers Club hat sich mir ins Gedächtnis gebrannt), viele Aktivitäten außerhalb des Studienplans und akademisch sehr versiert. Bei alledem waren sie allerdings entspannter als die Deutschen.

Je länger ich dabei war, desto verzwickter wurden die Aufträge. Zu den obskursten Anfragen zählten die diversen Quotenanforderungen. So musste ich mich zum Beispiel für die

Londoner Niederlassung einer Schweizer Bank um einen homosexuellen Senior Private Banker bemühen. »Pink Banking« hieß das und war damals sehr angesagt, denn schwule Bankkunden boten eine lukrative Einkommensquelle für Finanzinstitute: Ihre hohen doppelten Verdienste und die Tatsache, dass sie damals fast ausnahmslos kinderlos waren, ließen auf große Geldreserven schließen, die man gern verwaltet hätte. Diese Zielgruppe hatte im London dieser Zeit den »Highest Demographic Spend«. Anfangs war ich etwas perplex und fragte mich, wie es zu bewerkstelligen sei, einen schwulen Kandidaten zu ködern. Doch dann wurde die Suche von der Tatsache vereinfacht, dass er offen homosexuell sein musste. So ging ich nach anfangs zögerlichem Herumtapsen (»Ach ja, er wurde noch nie mit einer Freundin gesehen?«) ganz gezielt auf meine potenziellen Kandidaten los und fand mich in einem Netzwerk wieder, das unglaublich ergiebig war. So gelang es mir, den Richtigen zu identifizieren und zu platzieren.

Die Mehrzahl der deutschen Bankkunden erlebte ich als konservativ, stramm, man könnte fast sagen verklemmt. Aber gern erinnere ich mich an einen Besuch einer Bank in Nürnberg, die aus dem Rahmen fiel. Wohl wissend, wie viel Wert unsere deutschen Kunden auf tadellose Garderobe legten, reiste ich ziemlich snobistisch gekleidet mit meiner ebenfalls wie aus dem Ei gepellten damaligen Chefin an. Wie VIPs wurden wir mit einer Limousine vom Flughafen abgeholt und in die Innenstadt chauffiert. Zweck der Reise war die Präsentation unserer Longlist für einen Auftrag, bei dem es um »Head Asset Management« ging. Meine ungeliebte englische Chefin war sehr stolz auf ihre polyglotten Fähigkeiten und hatte sich damit gebrüstet, wie einwandfrei ihr Deutsch sei. Sie kam nicht mal über einen Gruß hinaus, verstand kein Wort. Das schob sie darauf, dass unser Kunde Österreicher sei. Er war jedoch ein uriger

Bayer in Tracht und mit einem Schnauzer aus König Ludwigs Zeiten, empfing uns aufs Wärmste und lud uns sogleich in die Management-Kantine zu einer sehr ungewohnten olfaktorischen und gustatorischen Erfahrung ein. Sauerkraut liebe ich bis zum heutigen Tage. Das Gebäude war farblos und langweilig, ganz im Gegensatz zu dem amüsanten Kunden und dem Ambiente des betriebsinternen Restaurants. In so einer gemütlichen »Kantine« hatte ich vorher noch nie gespeist. Meine Chefin war völlig over-dressed – sie trug ein Fenzi-Kostüm, damals der letzte Schrei in Italien – und fühlte sich wie ein Fisch auf dem Trockenen, während ich, der Weitgereiste, einen wunderbaren Nachmittag verbrachte. Zu einer Vermittlung kam es nie. Durch einen der vielen wirtschaftlichen Zusammenbrüche der jüngsten Zeit wurde die Stelle auf Wunsch des Kunden nie besetzt. Unser be-achtliches Honorar bezahlte man anstandslos trotzdem.

So mache ich also seit etlichen Jahren meinen verhassten Job. Ich reise viel, momentan ziemlich oft nach Afrika – Uganda, Tansania, Nigeria, Gabun, Ghana. Die Interviews finden häufig telefonisch statt, was die Kunden dann bei der Zahlung des Endhonorars beanstanden, obwohl das vorher geklärt wurde. Das Theater um die »Grudge Fee« macht mir in meinem Beruf oft zu schaffen.

Aber was ich an meinem Job am meisten hasse, ist die Art, wie wir uns prostituieren. Besonders schmerzt es mich, mit einem Immobilienmakler verglichen zu werden. Damit meine ich den ganzen Verkaufsansatz, der uns vom US-Hauptsitz vor-geschrieben wird. Smile while you dial – lächele in das Telefon hinein, klinge charmant und lüge dann wie gedruckt. So ein Quatsch! Zum Lachen ist mir beim Telefonieren immer noch nicht zumute, eher zum Vergießen bitterer Tränen.

Es gibt natürlich auch Erfolgsmomente, über die ich mich freue. Auf eine kürzlich getätigte Vermittlung bin ich besonders stolz. Ein Auftrag aus einem afrikanischen Land erreichte uns. In diesem Land werden zurzeit aufgrund des großen Energiebedarfs des Kontinents wieder Gasturbinenkraftwerke gebaut. Die Auftragsvergabe lief über einen Mittelsmann. Der bat unser Londoner Büro um diese internationale Suche, weil es niemandem vor Ort gelungen war, die Position zu besetzen. Ich vermittle ungern und nur selten Ingenieure. Sie zeigen nicht den geringsten Enthusiasmus und schon gar keine Dankbarkeit, aber diese Aufgabe blieb mir nicht erspart, da ich bereits sehr stark mit Afrika verknüpft war. Der Auftrag erwies sich als fast unausführbar, bis ich wie durch ein Wunder auf einen in Asien geborenen Nordstaatenamerikaner aufmerksam wurde. Der Mann ist fast siebzig und einer der wenigen noch lebenden Experten seines Ranges im Bereich Gaskraftwerke. Ein außergewöhnlicher Mensch, denn er packte tatsächlich seine Siebensachen und siedelte tapfer ins ferne Afrika über. Seine Frau folgte ihm drei Monate später. Die zukünftigen Betreiber beteten zweifellos jeden Tag für seine Gesundheit und dafür, dass er die fünf Jahre durchhalten würde, denn so lange würde es dauern, bis das Kraftwerk steht. Ich betete auch, aber dafür, dass er wenigstens ein Jahr bliebe, dann war meine Garantie abgelaufen. Denn wo sollte ich wieder so einen Kandidaten herzaubern? In dem Interview wies er vorsichtige Fragen bezüglich seines Gesundheitszustandes mit der Aussage zurück, dass sein Vater fünfundneunzig und sein Großvater hundert Jahre alt geworden sei. Er hielt sich für körperlich tauglich und bekräftigte dies mit dem Hinweis darauf, dass er lange Elitesoldat gewesen sei. Das Honorar war phänomenal. In meiner Kundenorganisation hat er das dritthöchste Einkommen. Zu seinen Einstellungskonditionen gehörten ein Wechselkursfluktuations-Ausgleich von 50.000 US-Dollar pro Jahr und ein Gardinenzuschuss für sein Haus in Höhe von 10.000 US-Dollar, ausdrücklich ausgehandelt auf Wunsch seiner Ehefrau – sehr zum Ärger der Personalabteilung des Kunden, die für diesen Sonderwunsch kein Verständnis aufbrachte.

Auf Personalabteilungen reagiere ich sowieso allergisch. Sie stellen das größte Hindernis dar, wenn es darum geht, einen Auftrag auszuführen. Ausgerechnet sie bieten wenig Einfühlungsvermögen für die Individualität einer jeden Einstellungssituation und drücken mit Bürokratie und beharrlichem Unverständnis die Einstellungsquoten.

Für meine Kollegen kann ich ebenfalls wenig Respekt aufbringen, die meisten sind arrogante, rachsüchtige Egoisten. Als ich noch als Researcher arbeitete, war ich schockiert über die Art, wie mit Kandidaten umgesprungen wurde. Sicher hing das mit dem Druck zusammen, denn ein typischer Londoner Berater unserer Organisation kämpfte damals schon mit jährlichen Umsatzzielvorgaben von sieben Millionen Pfund. Sie sind auf jede Zusage angewiesen und sollte ein Kandidat auf die Idee kommen, in der letzten Minute abzuspringen, ist das problematisch. Auch für den potenziellen Anwärter: Einer meiner Kollegen drohte einem Kandidaten einmal, er würde sicherstellen, dass der Arme dann nie wieder einen Job bekäme: »Wenn Sie hier herumzögern, ob Sie das Angebot annehmen wollen oder nicht, wird sich auf den Straßen verbreiten, dass Sie einer von denen sind. Sollten Sie also erwägen, einen Rückzieher zu machen, empfehle ich Ihnen dringend, noch einmal gründlich darüber nachzudenken.« – »Nein, nein«, war die erschrockene Antwort. »Senden Sie mir den Vertrag, ich schicke ihn sofort unterschrieben zurück.« Genau das passierte dann auch. Entsetzlich, aber manchmal ist man wirklich versucht, zu solchen Einschüchterungsmethoden zu greifen. Diese verflixten Kandidaten haben keine Ahnung, wie sehr wir uns für sie abrackern. Und je niedriger der Rang des Stelleninhabers, desto komplizierter ist der Vorgang. Man kann sich seine Aufträge nicht immer aussuchen, und wenn ein guter Kunde mal eine weniger reizvolle Stelle zu besetzen wünscht, muss man eben ran. Aber es nervt, anspruchslose Positionen mit wenig beeindruckenden Personen zu besetzen. Das Honorar wird, wenigstens versuchsweise, nach unten gedrückt, aber die volle Dienstleistung erwartet. Dabei ist es schwieriger, Leute aus dem Backoffice zu finden. Je hochrangiger die Zielgruppe, desto sichtbarer ist sie und desto greifbarer. Und Kunden sind bei der Besetzung von weniger kritischen Stellen weniger verhandlungsbereit, die Kandidaten aber umso eingebildeter, weil es für sie nicht gang und gäbe ist, angesprochen zu werden. Außerdem beweisen sie meist weniger Verhandlungsgeschick, was den Abschluss erschwert.

Viele meiner Kollegen sind frech und unvorbereitet. Sie verbringen genau zehn Sekunden damit, einen Lebenslauf zu prüfen, und laden schon zum Gespräch ein. Ich gehe da viel analytischer vor. Manchmal erlebe ich trotzdem Überraschungen. Neulich war ein Kandidat vollkommen unterqualifiziert. Das muss wohl an meinem Researcher gelegen haben. Persönliche Fehlschläge beim Headhunting habe ich nie. Oder ich habe sie verdrängt. Jedenfalls erinnere ich mich nicht an große Krisen.

Frech werde ich selbst nur dann, wenn Kunden versuchen, über unser Honorar zu verhandeln. Das gibt es bei uns nicht. Schon aus Imagegründen nicht. Fängt man einmal damit an, geht es schnell bergab. Wir müssen unter allen Umständen unser Image wahren. So werden Sie uns auch an »lässigen Freitagen« nie in Jeans erwischen. Die gute Garderobe gehört bei uns zum Fach. Der Kunde und der Kandidat müssen immer unter dem Eindruck stehen, wir seien wichtig und kompetent. Industriejargon und eine gut strukturierte Ausdrucksweise sind für uns sehr wichtig, um diesen Eindruck aufrechtzuerhalten. Ich stehe unter dem ständigen Druck, informiert genug zu klingen, habe panische Angst davor, als Taugenichts entlarvt zu werden, als ein dummer Headhunter, der selbst keinen Beruf gelernt hat.

Um mein Selbstwertgefühl aufzubessern, leiste ich ab und zu wohltätige Arbeit. Bei meinem letzten solchen Auftrag suchte ich einen Spendensammler für ein Heim für geistig behinderte Kinder. Das ist gar nicht so einfach, denn gute Kapitalbeschaffer sind professionelle Experten, die sehr gut bezahlt werden wollen. Dabei übersteigt die Nachfrage das Angebot bei Weitem. Da bei Aufträgen dieser Art schon für unser Honorar so gut wie kein Budget zur Verfügung steht und erst recht nicht für diese teuren Kandidaten, setze ich meist bei jüdischen oder katholischen Hausfrauen an. Sie erweisen sich stets als gute Ansprechpartnerinnen, wenigstens für Teilzeitbeschäftigungen, und haben großen Erfolg.

Ablehnend gebe ich mich, wenn Kandidaten mich mit dem Wunsch nerven, sie aktiv zu repräsentieren. Ich bin nicht dafür geschaffen, Hunderte von Arbeitgebern anzubetteln, einem Kandidaten einen Job anzubieten. Ich werde vom Kunden dafür bezahlt, einen Kandidaten auszuwählen. Wenn Bewerber mich darum bitten, lasse ich sie wissen: »Es tut mir schrecklich leid, ich bin nicht in der Lage, Ihnen zu helfen. Selbstverständlich werden wir Sie in unsere Datenbank aufnehmen und sollte sich eine Anfrage ergeben, die auf Sie passt, melden wir uns. Aber realistisch gesehen wird das eher nicht passieren. Am besten, Sie wenden sich an eine ›Agentur‹, davon gibt es jede Menge.« Schwierig wird es, wenn der Anwärter selbst Kunde ist. Aber wir können uns wirklich nicht auf Arbeitsplatzvermittlungen einlassen. Unsere Kunden nähmen uns nicht mehr ernst, würden wir uns in der Kandidatenvermarktung positionieren. Es ist schon schwer genug, Search zu verkaufen, und wenn wir unaufgefordert auch Kandidaten anbieten, für die es keine konkrete

Anfrage gibt, haben wir keine Chance. Wir haben unser Image und unseren Ruf zu wahren.

Besonders gereizt reagiere ich, wenn Kandidaten sich mit Falschaussagen repräsentieren. So vermittelte ich einmal beinahe einen Schurken, dessen Qualifikationen sich allesamt als Fälschungen erwiesen. Bei der Absage konterte er mit der Drohung, uns zu verklagen. Man bedenke: *Er* wollte *uns v*erklagen! Mein Vorgesetzter schaltete sich ein und »überredete« den Hochstapler, mit welchen Mitteln auch immer, aus unserem Bezirk zu verschwinden. Natürlich setzten wir ihn sofort auf unsere schwarze Liste. Führen wir schwarze Listen? Natürlich! Tauschen wir uns mit befreundeten Konkurrenten darüber aus? Niemals!

Gute Mentoren wie der eben erwähnte Chef haben schon von Anfang an meinen Berufsweg begleitet. Die braucht man auch in unserem Geschäft, denn jede Situation ist anders und je mehr Erfahrung man mitbringt, desto leichter ist der Umgang mit den täglichen Überraschungen. Kann man diese Erfahrung selbst nicht aufweisen, hilft es, sich bei einem vertrauenswürdigen Boss Rat zu holen. Oft möchte man dessen Vorschlag nicht befolgen, weil er üblicherweise eine unbequeme Lösung darstellt. Aber ich habe das Zuhören gelernt und meist haben die alten Füchse recht behalten.

Viele meiner Vorgesetzten und Kollegen sind echte Netzwerker, bei jedem gesellschaftlichen Treffen erkundigen sie sich nach Berufszweigen und tauschen Visitenkarten aus. Das widerstrebt mir. Strikt trenne ich mein Berufsleben und meine privaten Angelegenheiten. Ein einziges Mal habe ich mich dazu verleiten lassen, den Freund meiner Schwester für eine Stelle anzubieten. Er war mir höchst unsympathisch und sein Profil passte auch nicht genau zu den Anforderungen des Kunden. Er wurde nicht eingestellt und solange die Beziehung meiner

Schwester mit diesem Kerl anhielt, gab es bei jeder Zusammenkunft Spannungen. Ich habe es bereut und erspare mir seitdem solchen Ärger, indem ich von Anfang an strikt ablehne oder die Person bitte, eine offizielle Bewerbung einzuleiten – dann aber über einen Kollegen.

Was mich am meisten belastet, ist, dass ich mich als Gefangener der jeweils herrschenden wirtschaftlichen Lage sehe. Mein Arbeitsplatz hängt zu hundert Prozent von den Entwicklungen in der Weltwirtschaft ab. Aber ich bleibe dabei. Meine einzige Alternative wäre, als interner Recruiter zum Beispiel für eine Bank zu arbeiten. Das hätte den Vorteil, dass zur Abwechslung ich zu Headhuntern gemein sein dürfte, aber genug Anreiz für einen Wechsel bietet mir diese Aussicht nicht.

Ob ich mich ausreichend vergütet fühle? Absolut nicht. Für diese Knochenarbeit müsste man mir mindestens das Doppelte bezahlen.

Hintergrund

1. Hier handelt es sich um keinen Einzelfall. Es ist tatsächlich so, dass Headhunter ihren Job leidenschaftlich lieben oder hassen. Es ist auch wahr, dass viele dabeibleiben, obwohl sie jeden Tag ungern zur Arbeit erscheinen. Manche kehren nach Abstechern in einen anderen Berufszweig wieder zum Headhunting zurück. Dafür gibt es nach meinen Beobachtungen folgende Gründe:

- Die Verdienstmöglichkeiten sind enorm und Recruiter kommen oft direkt nach ihrem Studium ins Headhunting. Hat man dieses Fach einmal gelernt, ist es schwer, umzuschulen und dabei das hohe Einkommen aufrechtzuerhalten.
- Der tägliche Adrenalinkitzel hält den Headhunter auf Trab. So stillt er, wenn auch unbewusst, seinen Hunger auf Stimulation, Abwechslung und Herausforderung.

- Obwohl Edward sich als etwas eingeengt empfindet, hat der Headhunter im Grunde sehr viel Entscheidungsfreiheit. Auch das bietet nicht jeder Arbeitsplatz.
- Die Arbeit bietet die Möglichkeit der direkten Einflussnahme auf Resultate. Ein Headhunter ist sich des Guten, das er leistet, bewusst. Anders als zum Beispiel ein Projektplaner in der Felgenabteilung eines Zulieferers für Autoteile ist der Headhunter den Emotionen seiner Kunden und Kandidaten in hohem Maße ausgesetzt. Das beflügelt.
- Der Headhunter wird von Außenseitern oft bewundert oder beneidet – für Statusorientierte ein reizvolles Plus.
- Für Menschen mit Verkaufstalent und sozialer Kompetenz bietet der tägliche Umgang mit Menschen und ihren vertraulichen Angelegenheiten eine interessantere Plattform als der Verkauf von »Dingen« oder sachbezogenen Dienstleistungen, auch wenn sie dadurch zahlreiche Enttäuschungen bewältigen müssen.

2. Die in der Geschichte erwähnte deutsche Regelung ist inzwischen aufgehoben worden, Kandidaten dürfen am Arbeitsplatz angesprochen werden – unter der Voraussetzung, dass es sich um eine einmalige Ansprache handelt, die sehr knapp gehalten ist und bei Interesse außerhalb der Arbeitszeit privat fortgesetzt wird. Das würden Recruiter aber sowieso immer dann machen, wenn sie Zugang zu Privatnummern haben, denn ein längeres privates Gespräch ist auch für sie nur von Vorteil.

3. Als Pendant zu dem erwähnten »Pink Banking« existiert auch »Pink Recruiting«. Es gibt Agenturen, die sich ausschließlich auf die Vermittlung von homosexuellen Kandidaten spezialisieren.

4. In der Sprache der Headhunter heißt ein widerwillig bezahltes Honorar »Grudge Fee«. Um eine Grollgebühr handelt es sich, wenn der Kunde nicht wirklich den Wert der Dienstleistung anerkennt, er aber auf sie angewiesen ist und deshalb die Rechnung zähneknirschend begleicht. Oder er nimmt die Verhandlung im Endstadium wieder auf. Ein rotes Tuch für alle Headhunter.

»Die gehören doch alle in die Klapsmühle!«

Sonja Rauthaus, 27,
Personalberaterin, Aachen

Meine erste Vermittlung fiel mir in den Schoß und bahnte den Weg für meinen ersten Schicksalsschlag. Dabei sah alles so einfach aus. Ich kam frisch und mutig aus dem Training und war voller Tatendrang und großer Pläne. Ich hatte das Glück, den Arbeitsplatz einer Kollegin zu übernehmen, die sich frohen Mutes in den Mutterschaftsurlaub begab. Sie war sehr erfolgreich, ihre Kontakte waren vorzüglich gepflegt. Dadurch hätte ich bei meinem Start einen enormen Vorteil, versicherte man mir. Das stimmte. Trotzdem gelang es mir innerhalb kürzester Zeit, jeden ihrer Deals in den Sand zu setzen. Es ist wahr: Durch mein Ungeschick vernichtete ich so ziemlich alles, was sie sich erarbeitet hatte.

Dabei begann es so vielversprechend. Ich »erbte« einen kompletten Abschluss. Was für ein Glücksfall! Der Kandidat, ein Verkäufer für Erdbewegungsmaschinen, musste nur noch seinen Vertrag unterschreiben, dann konnte ich feiern. Also wartete ich geduldig auf seine Unterschrift. Und wartete. Und wartete. Meine Abteilungsleiterin drängte. Und drängte. Aufgrund ihrer zunehmenden Nervosität, die ich absolut nicht verstand – der Kandidat hatte ja versichert, die Stelle verbal angenommen zu haben –, musste ich irgendwann zum Hörer greifen. »Ja, ja, der Vertrag kommt diese Woche«, beteuerte er eifrig. »Ja, ja, der Vertrag kommt diese Woche«, beschwichtigte ich meine Chefin. Aber er kam nicht. Ich war durcheinander. Das war alles so bizarr. Ich stand hilflos daneben, doch der Kunde und mein eigenes Management forderten immer lauter, ich solle endlich Initiative zeigen und etwas unternehmen. Aber was? Ich hatte keine Ansatzpunkte. Wie sollte ich argumentieren, wenn er doch immer nur beteuerte, der Vertrag komme schon noch? Warum wollten sie das nicht verstehen? Glaubten sie mir nicht?

Irgendwann dämmerte es auch mir, dass mein Kandidat mich mied. Aber wieso? Warum sagte er nicht einfach, er habe es sich anders überlegt? Warum dieses Katz-und-Maus-Spiel? Ich befand mich in einem Zustand absoluter Verwirrung. Nichts ergab einen Sinn. Als er endlich absagte, war ich einfach nur *überrascht*. Auch ein wenig enttäuscht, aber eher überrascht. Diese Leute haben doch alle den Verstand verloren, dachte ich und fragte mich: Ist das jetzt immer so?

Geschwind entwickelte meine Seele eine effektive Abwehrstrategie: absolutes Abschalten. Ich verbot mir jegliche Emotion. Nimm den Job oder nimm ihn eben nicht.

Ich machte weiter.

Ein Werkstattleiter für eine Elektromotorenfirma musste her. Unter den Kandidaten meiner fleißigen Vorgängerin fand sich einer. Er nahm das Angebot an und ich wartete in meinem Schutziglu emotionslos auf die vorprogrammierte Absage, die irgendwann eintreffen würde. Wieder wurde ich überrascht. Er trat die Stelle an. Ich erlaubte mir einen kurzen Moment des Aufatmens, sogar ein bisschen Freude blitzte aus dem Schneehaus. So fragte ich ihn zaghaft, wie es ihm gehe. Es gehe ihm gut. Ob er glücklich sei, bohrte ich mutig weiter. Ja, er sei glücklich. Freue er sich denn? (Verdammt noch mal!) Ja, er freue sich, erwiderte er trocken. Die gehören doch alle in die Klapsmühle!, dachte ich. Es folgte weitere emotionale Abkapselung.

Inzwischen fuhr ich fort mit der Verwüstung des Arbeitsplatzes meiner Vorgängerin. Eine Vermittlung nach der anderen platzte, bald waren ihre aktuellen Kandidaten aufgebraucht, da sie sich inzwischen selbst vermittelt hatten und die offenen Stellen der Kundenfirmen ohne mich besetzt wurden. Trotz intensiver Bemühungen scheiterte ich im Vermittlungsgeschäft. In meinem Eingangskorb befanden sich inzwischen Tausende von unbearbeiteten E-Mails. Ich entwickelte einen schlauen Versteckmechanismus, indem ich viele verschiedene Ordner anlegte, die meine Abteilungsleiterin beim Prüfen meiner Aktivitäten täuschten. Nicht auszudenken, was passiert wäre, wenn sie gesehen hätte, wie weit ich mit meiner Arbeit hinterherhing. Ich hatte keine Ahnung, wie meine Kollegen das bewältigten, nahm aber an, sie waren ähnlich »schlau«. Denn ich konnte mir nicht vorstellen, dass jemand diese Flut von Bewerbungen bearbeiten konnte.

Einmal in der Woche gab es eine individuelle »Fortschrittsbesprechung« mit jedem Berater. Bis 3 Uhr früh schuftete ich jeden Tag davor, um ein halbwegs glaubwürdiges Bild herzustellen. Ich erfand meine eigenen Aktivitätszahlen, manipulierte sie mithilfe meiner überlegenen Mathematikkenntnisse und stellte damit meine statistiksüchtige Geschäftsleitung zufrieden. Eigentlich verwendete ich meine ganze Energie damals für das Vertuschen meiner Misserfolge. Ich wunderte mich sogar darüber, wie gut es so lange klappte. Ich bin mir sicher, ich war gerade dabei aufzufliegen, als ich wieder eine Überraschung erlebte. Wie durch ein Wunder gelang es mir, einen Kandidaten indischer Abstammung zu vermitteln. Das Honorar war so riesig, dass es von meinen täglichen Fehlschlägen einige Zeit ablenkte, aber die Vermittlung war vor allem eine fürs Herz. Jay Naidoo, ein Nuklearingenieur, der sich lange Zeit bemüht hatte, aus dem staatlich dominierten Geschäft auszusteigen, freute sich immens über den Sprung in ein Privatunternehmen. Er jubelte – und ich war wieder verwirrt. Er war das genaue Gegenteil von dem, was man sich unter einem Nuklearingenieur vorstellt. Schon bald wurde ich misstrauisch. Erst recht, nachdem er mich unbedingt in ein Café einladen wollte, um mit mir zusammen dort feierlich den Vertrag zu unterschreiben. Aha, argwöhnte ich, daher weht der Wind. Er sucht ein Date. Trotzdem schlich ich mich in einer Mittagspause aus dem Büro, um die Einladung wahrzunehmen. Sich mit Kandidaten außerhalb der Geschäftsräume zu treffen, unterlag in unserer Beratung einem strengen Tabu. Risikobereit war ich schon immer. Ich genoss sogar den Nervenkitzel des heimlichen Rendezvous. Und erlebte wieder eine Überraschung. Seine Freundin hatte ihn begleitet, eine charmante und herzliche Frau, genauso extrovertiert wie er. Mit großer Dramatik vollzogen wir das Unterzeichnungsritual und er überreichte mir den Arbeitsvertrag, grinsend von Ohr zu Ohr. Ich steckte den Vertrag in die Tasche. Die nächste Überraschung: Das war doch viel zu einfach. Dafür bekomme ich so viel Geld?

In meiner kurzen Karriere als Personalberaterin gab es nie wieder einen Kandidaten wie Jay. Es folgte noch eine bühnenreife Vermittlung, es sollte meine letzte sein: Ein Fertigungsingenieur aus der Autozuliefererindustrie hatte jeden »Gürtel«, den es in der Industrie gab; sämtliche hochdotierten Schlagwörter zierten seinen Lebenslauf: TS 16949, VDA, Six Sigma, Kaizen, JIT, Lean

Management und so weiter. Die Liste schien endlos. Und er hatte tatsächlich alle diese Fähigkeiten. Außerdem war er zweifellos ein Mensch von hoher Integrität, hatte ein ausgeprägtes Pflichtbewusstsein und war noch dazu sehr sympathisch. Ich liebe das Sammeln von Informationen und damals hatte ich eine besondere Freude daran, die diversen Fertigungsabläufe zu verstehen. So nutzte ich schamlos seine Geduld aus und führte ein zweistündiges »Interview« mit ihm, bei welchem er mir erklärte, wie die diversen Maschinen und Fertigungsstraßen funktionieren, wie in der Produktion gespart werden kann, wie die Qualitätssicherung abläuft. Aufgrund meines großen Interesses und seiner hohen Zeitinvestition stand er unter dem Eindruck, ich würde mich sehr für ihn einsetzen, und versicherte mir, er würde sich exklusiv nur von mir vertreten lassen. Das ist das ultimative Ziel eines Personalberaters, aber mir war es zu viel der Liebe. Auch bei den vielen Telefonaten, die folgten, stellte er eine enge Beziehung zu mir her und erzählte mir fast stundenlang über seine schmerzhafte Scheidung und wie dringend er einen Umzug anstrebte. Seine Frau war umgezogen und er wollte ihr folgen, um näher an seinen Kindern zu sein. Und ich? Ich wollte keine bösen Überraschungen mehr erleben. Vor allem die intensive Berichterstattung über seine Beziehung zu seiner Exfrau machte mich nicht nur stutzig, sondern auch misstrauisch. Nicht schon wieder ein Verrückter, beschloss ich, und stopfte seinen Lebenslauf in meine Schublade. Außerdem war ich zu sehr mit der Bekämpfung meiner E-Mail-Flut abgelenkt, als dass ich mich um echte Vermittlungen hätte kümmern können. Acht Wochen lang hatte ich absolut nichts unternommen, da erreichte mich sein verzweifelter Hilferuf. »Sie sind meine einzige Hoffnung, ich verlasse mich ganz auf Sie«, gestand er mir wieder. Diesmal rührte sich mein Gewissen. Obwohl ich die ganze Situation immer noch für sehr fragwürdig hielt, griff ich zum Hörer und führte ein einziges Telefongespräch. Ich rief eine mir vollkommen unbekannte Firma an, wusste aber, dass es sich dabei um das direkte Konkurrenzunternehmen seines Arbeitgebers handelte. Nach wenigen Tagen streichelte ich ungläubig und sentimental seinen unterschriebenen Vertrag, bevor ich ihn in seine Akte legte und diese in meiner überquellenden Schublade vergrub.

Nach diesem ultimativen Höhenflug jagte eine Niederlage die nächste. Die Fortschrittsbesprechungen wurden unerträglich. Die üblichen Ausreden zogen nicht mehr. »Ich kann den Kunden nicht erreichen«, protestierte ich. »Kein Problem«, erwiderte meine Chefin immer öfter. »Schauen Sie, hier haben wir ein Telefon, das versuchen wir doch glatt mal von hier aus«, insistierte sie gnadenlos mit der Stimme einer abgehärteten Krankenschwester und reichte mir den Hörer, woraufhin ich den Anruf vor ihren Augen zu tätigen hatte, natürlich prompt durchkam und mich befangen durch die Präsentation stotterte. Immer ungeschützter fühlte ich mich, nackt, ausgezogen bis auf die Haut. Mein Kartenhaus aus Lügen und Täuschung brach zusammen. Es war mir klar, dass ich irgendwann gehen musste.

Nach dem nächsten Vorfall war mein Absturz in dem Unternehmen nicht mehr aufzuhalten. Es handelte sich um eine geteilte Vermittlung. Das heißt, mein Kandidat war der Anwärter auf eine Stelle bei einem persönlichen Großkunden meiner Abteilungsleiterin. Dieses Umweltunternehmen hatte mehrere Firmen und der Kandidat war für die Position des Geschäftsführers einer dieser Firmen angepeilt worden.

Auch mit ihm verstand ich mich prima. Er war bei Weitem der hochkarätigste Ingenieur, den ich je kennengelernt habe, und zudem ein wirklich netter, herzlicher und geerdeter Mensch. Er war Vorstandsmitglied eines großen öffentlichen Flughafens und erklärte seiner wissensdurstigen Personalberaterin zweieinhalb

Stunden lang, wie ein Flughafen funktioniert. Ich war fasziniert und hatte mein Zeitgefühl komplett verloren. Als wir endlich den Besprechungsraum verließen, war es dunkel geworden und zum Abschied drückte mich der sehr viel ältere Mann väterlich, bevor er mir lange und herzlich die Hand schüttelte. Das mag sich sonderbar anhören, aber es war keine anrüchige Geste. Es ist schwer zu beschreiben, wir hatten in dieser Zeit einfach eine sehr enge und freundschaftliche Verbindung geknüpft. Tief in mir idealisierte und verehrte ich ihn. Er hatte in seinem Leben so viele Auszeichnungen und Anerkennungen erhalten. Er erschien mir, der Versagerin, wie ein Gott und doch war er so menschlich und zugänglich. Wir hatten wirklich ein großes Verständnis füreinander. Das sollte mir an meinem Arbeitsplatz endgültig zum Verhängnis werden.

Er bekam ein Angebot, aber er lehnte, ohne herumzuspielen, mit einer plausiblen Begründung umgehend ab, ohne eine schriftliche Unterbreitung abzuwarten. Ich war gerade auf einer Party, hatte schon ein paar Bier intus, als er mir seine Entscheidung mitteilte. Schon beschwipst, pflichtete ich ihm bei, dass diese Anstellung ein Schritt zurück wäre, und wir verfielen in ein informelles, heiteres Gespräch.

Das Wochenende verstrich. Ebenso verflog meine Heiterkeit, je näher der Anbruch der neuen Woche rückte.

Am Montag ließ meine Chefin ihre Wut an mir aus, indem sie mich unerbittlich zwang, den Bewerber zu »überreden«, einen weiteren Termin mit ihrem Kunden wahrzunehmen. Ein hohes Honorar von rund 85.000 Euro stand auf dem Spiel, die Augen meiner Chefin spiegelten Eurozeichen wider, sie hörte nur die Kasse klingeln, aber keines der Argumente meines Kandidaten. Ich jedoch war menschlich so eng mit ihm verbunden, dass mir eine solche Beeinflussung einfach unmöglich war. Ich führte zwar ein weiteres Gespräch und erzählte ihm von dem Terminwunsch des Kunden, aber statt ihn zu überreden, bestärkte ich ihn heimlich: Er möge das tun, was seine Karriere am besten vorantreibe und ihn glücklich mache. Danach widmete ich mich erschöpft den zahlreichen Telefonnachrichten, E-Mails und dem ganzen Verwaltungskram. Für die Jagd auf Kandidaten hatte ich einfach keine Kraft mehr. Es schien alles so aussichtslos.

Diese Erkenntnis erreichte bald auch meinen Arbeitgeber. Meine Kollegin kehrte aus dem Mutterschutz zurück und fortan wurde ich in einer anderen Abteilung eingesetzt, obwohl das nie geplant war. Das war mein Todesschuss – dort musste ich massenweise Schweißer für Großprojekte auftreiben, oder Verpacker für Supermärkte. Ich vermisste die Einblicke in technische Abläufe und die geschäftlichen Herausforderungen, die mit der Vermittlung hoher Tiere verbunden waren, und trödelte saumselig und trotzig herum. In der ganzen folgenden Zeit gelang es mir nicht, eine einzige Vermittlung zu bewerkstelligen. Zweifellos war meine Versetzung Teil der Strategie, mich endlich loszuwerden. Aber ich hatte meine eigene. Ich wollte einen Rausschmiss erzwingen, um mir Arbeitslosengeld und Abfindung zu sichern. Es funktionierte nicht. Sie hatten den längeren Atem. Ich kündigte.

Trotzdem suchte ich mir eine verwandte Tätigkeit. Sie ist spannend, nie langweilig und bleibt faszinierend. Ich arbeite in einem großen Zeitarbeitsunternehmen in der Verwaltung, habe geregelte Arbeitszeiten, mein Arbeitspensum ist erträglich, ich habe trotzdem Kontakt mit Menschen und bekomme weiterhin täglich neue Einblicke in unsere Wirtschaft.

Hintergrund

Diese Headhunter-Geschichte faszinierte mich sehr, denn sie ist die einer eigensinnigen, willensstarken Frau mit hoher Intelligenz und einem fast atemberaubenden Gespür für gute Kandidaten, von ihrem zwischenmenschlichen Geschick ganz abgesehen. Es gelingt nicht jedem, eine solche Verbundenheit und Loyalität in dem Kandidaten zu wecken; von diesem Vertrauen profitieren Arbeitgeber, wenn sie ihr Angebot unterbreiten und die Übereinstimmung gegeben ist, denn der Kandidat stützt sich durchaus auf die Meinung seiner Beraterin. Ob der vertraute Personalberater eine Empfehlung ausspricht, kann definitiv eine Zu- oder Absage beeinflussen. Auch das sollte man bei der Zahlung des Honorars berücksichtigen.

Das hohe Arbeitspensum der Beraterin lag auch daran, dass ihre Firma Direktansprache sowie anzeigengestützte Suche betrieb. Das ist immer ein schwieriger Balanceakt.

Unter der richtigen Führung und mit entsprechender Motivation könnte diese überaus ungewöhnliche Beraterin im Headhunting erfolgreich sein. Wenn sie es will. Das Problem ist, dass sich Personalberatungen in der Regel die langen Anlaufzeiten und die Launen einer solchen Mitarbeiterin einfach nicht leisten können. Schade, denn Berater, die so sehr das Vertrauen eines Kandidaten gewinnen können, sich so aufrichtig für ihre Belange einsetzen und zudem ein tiefgründiges Interesse für die technischen Anforderungen mitbringen, führen langfristig zum Erfolg. Sie hätte mehr Unterstützung bei der Bewältigung ihres täglichen Administrationspensums in Form einer besseren Struktur bekommen müssen; mit ihren Schwindeleien schrie sie förmlich nach mehr Führung. Sie bekam weder Grenzen noch Richtlinien gesetzt, und als das endlich erkannt wurde, war es sowie für sie als auch für ihre nun schon zu genervte Vorgesetzte zu spät.

Jedenfalls denke ich, dass eine Möglichkeit bestanden hätte, sie besser zu leiten. Trotzdem lässt sich nicht bestreiten: Für diesen Beruf war Sonja etwas zu sozial orientiert – und zu schwach, was den Verkauf betraf. Ein häufiges Problem, denn es bedarf genau der richtigen Dosis von beidem, um erfolgreich zu sein.

»Ich will mich durchsetzen – egal wie die Karten liegen«

Fritz Theodor, 45,
Projektleiter, Windhuk, Namibia

Ich bin sehbehindert. Aus eigenem Verschulden. Bevor ich darüber berichte, ob und wie meine körperliche Beeinträchtigung sich bisher auf meine berufliche Situation ausgewirkt hat, erlauben Sie mir bitte, ganz von vorne anzufangen.

Ich wuchs in einem sehr konservativen, preußisch geprägten Elternhaus auf, galt aber selbst als der Inbegriff von Ungehorsam. Ausgerüstet mit einem ausgeprägten Sinn für Unfug, bemühte ich mich stets, meinem Ruf gerecht zu werden, und sorgte umso mehr für Aufruhr, desto verzweifelter meine Eltern reagierten. Meine Unartigkeit erreichte ihren Höhepunkt, als ich dreizehn war.

Meine Eltern pflegten einen sehr routinierten Lebensstil, standen morgens früh auf und gingen deshalb mit erschreckender Regelmäßigkeit früh zu Bett, was natürlich auch für mich jäh jeden Abend beendete. Nach den 20-Uhr-Nachrichten wurden gnadenlos die Lichter ausgeknipst, da halfen weder Motzen noch Betteln. Zu meinem großen Verdruss, denn mein energischer Tatendrang trieb mich auch in den Abendstunden um.

Wie so oft schlich ich mich eines Abends um 22 Uhr aus dem Haus, um mich mit meinem besten Freund Martin zu treffen. Er hatte Hundekot besorgt. Wir stromerten durch die Nachbarschaft, legten die Häufchen vor Haustüren ab, klingelten oder klopften und machten uns dann aus dem Staub. Nachdem wir unsere abendliche Mission erfolgreich beendet hatten, kehrten wir beide zu meinem Haus zurück. Ich hatte mich aus der Hintertür geschlichen, die direkt in unsere Küche führte, und wir waren gerade dabei, uns zu verabschieden, als ich bemerkte, dass die Tür von innen abgeschlossen war. Wie sich herausstellte, war meine Mutter noch mal aufgestanden und nach unten gegangen, um sich ein Glas Wasser zu holen, hatte die Tür unverschlossen vorgefunden, angenommen, es handelte sich um ein Versehen, schloss ab, ließ wie immer den Schlüssel stecken und ging wieder zu Bett.

Dass ich die Tür nicht aufbekam, versetzte mich in kindliche Panik. Ich rüttelte an ihr, was unseren Dackel weckte. Er fing an zu bellen und ließ sich nicht beruhigen. Martin und ich versuchten mit einem dünnen Ast, den Schlüssel zum Herunterfallen zu bewegen, damit ich ihn unter dem Türspalt hervorziehen konnte. Das Klima in Namibia ist warm und trocken, auf Abdichtungen wird beim Häuserbau wenig Wert gelegt. So ein Spalt ist durchaus üblich und es sprach nichts dagegen, dass sich der Schlüssel hindurchschieben ließ. Wäre nur der blöde

Hund endlich still gewesen! In meinem Bestreben, die drohende Bestrafung zu vermeiden, versuchte ich immer krampfhafter, den Schlüssel zu lösen – mit dem Resultat, dass ich durch mein Rütteln schließlich das ganze Haus weckte, was mir zu dem Zeitpunkt aber noch nicht bewusst war. Mein Vater allerdings hatte sich inzwischen seine Kaliber-32-Pistole geschnappt und sich zusammen mit meiner Mutter in die Küche begeben. Meine Mutter drehte den Schlüssel so leise und langsam um, dass ich es nicht bemerkte, während mein Vater mit seiner Waffe im Anschlag bereitstand. Mit einem kräftigen Schwung riss meine Mutter die Tür auf. Mein Vater sprang heraus und feuerte ab. Dreimal. Ein Schuss streifte Martin leicht am Hinterkopf, ein Schuss ging ins Leere und einer landete in meiner Brust, durchschoss meinen rechten Lungenflügel und trat an meiner Schulter aus. Ich blieb lange genug bei Bewusstsein, um noch zu wimmern: »Ich bin's, Papa, bitte nicht mehr schießen!«. Dann dämmerte ich weg. Einige Tage lag ich bewusstlos auf der Intensivstation. Als ich langsam zu mir kam und noch bevor ich die Augen öffnete, hörte ich unseren Pfarrer zu jemandem sagen: »Lassen Sie die Familie kommen, um Abschied zu nehmen.« Mit einem Schlag war ich hellwach und von einer enormen Wut gepackt. Das könnte euch so passen, dachte ich, nahm mich zusammen und erwachte endgültig aus meiner Bewusstlosigkeit. Kurze Zeit danach schlief ich wieder in meinem eigenen Bett in meinem eigenen Zimmer. Martin war nicht ernsthaft verletzt worden. Das Herz meines Vaters jedoch war gebrochen. Er hatte immer kohlrabenschwarze, sehr kurze Haare. Innerhalb von sechs Monaten nach diesem Unfall war er bis auf die letzte Strähne vollkommen ergraut. Schock, diagnostizierte unser Hausarzt.

Diese Erfahrung dämpfte meinen Tatendrang nicht. Im Gegenteil, wenige Monate nach meiner Rückkehr aus dem Krankenhaus spielte ich im Garten mit meinem Luftgewehr. Auf der Jagd nach Vögeln hielt ich einen Moment inne, weil ich im Haus das Telefon klingeln hörte. Ich rannte mit meinem Gewehr in das menschenleere Haus, stellte es direkt vor meinen Beinen ab, mit dem Lauf nach oben gerichtet, und griff zum Hörer. Im Moment des Abstellens löste sich ein Schuss und traf mich im Gesicht. Ich hatte mir das rechte Auge herausgeschossen.

Wieder landete ich im Krankenhaus, aber diesmal wurde ich mit einem bleibenden Schaden entlassen. Das Auge konnte nicht mehr gerettet werden und ein unbewegliches Glasauge wurde eingesetzt. Mein Gesicht ist bis heute entstellt.

Auch nach diesem Vorfall ließ sich meine Lust auf Streiche nicht zügeln. So kletterte ich eines Tages auf dem Balkongerüst herum, fiel hinunter und landete mit einer starken Gehirnerschütterung abermals im Krankenhaus.

Damals spielte ich für meine Schulmannschaft leidenschaftlich gern Rugby und der Arzt sprach diesbezüglich ein ausdrückliches Verbot aus: längere Zeit absolut kein Rugby. Aber mein Team brauchte mich doch! Ich missachtete das Gebot und nahm, ohne Wissen meiner Eltern, an einem Spiel teil. Bei einem Scrum[8] traf mich der Fuß eines Gegenspielers im Nacken. Noch unter den Folgen der vorangegangenen Gehirnerschütterung wurde ich umgehend bewusstlos und wieder wurde ich mit Blaulicht und Sirene im Krankenwagen durch die Straßen Windhuks transportiert.

Kaum wieder gesund, an einem entsetzlich alltäglichen Donnerstagnachmittag, schlug ich Martin gähnend vor, der Langeweile ein Ende zu setzen und mit den antiken preußischen Dolchen meines Vaters die Blätter im Garten aufzuspießen. Es war natürlich für uns Kinder tabu, diese Dolche auch nur anzufassen. Aber auch dieser Regelbruch wurde irgendwann öde. So beschlossen wir, wie Musketiere loszurennen, uns saltoartig zu überschlagen und beim Landen jedes Mal ein Blatt aufzuspießen. Wer auf diese Weise die meisten Blätter einsammeln konnte, hatte gewonnen. Das machte Spaß und ging eine Weile gut, bis ich schließlich unglücklich mit meinem Fuß auf dem angepeilten Blatt landete und nicht nur das Blatt, sondern auch meinen Fuß durchbohrte. Wieder Krankenhaus.

Irgendwie überlebte ich meine ungestüme Kindheit, wurde halbwegs erwachsen und begann auf Wunsch meines Vaters eine Ausbildung zum Bauzeichner. Unverzüglich nach diesem Abschluss musste ich meinen Pflichtwehrdienst antreten. In der Zeit davor war ich in eine regionale Schönheitskönigin verliebt gewesen. Vergeblich hatte ich lange versucht, sie dazu zu bewegen, mit mir auszugehen. Der Kontakt verlor sich irgendwann, bis ich sie zufällig an einem Heimwochenende auf der Straße traf. Ich fasste mir ein Herz und lud sie zum Abendessen ein. Sie lehnte ab, bot aber an, am Sonntagabend mit mir auszugehen. Eigentlich musste ich am Sonntagabend wieder zu meiner Einheit zurückkehren. Pfeif drauf, sagte ich mir, wenn ich am Montag früh um 5 Uhr zum Dienst antrat, würde niemand mein Ausbleiben bemerkten. Und so nahm ich die einmalige Gelegenheit wahr, die Schöne auszuführen. Wir waren in der Nacht lange auf und ich hatte kaum geschlafen, als ich mich auf den Weg machte. Noch reichlich angeheitert, baute ich einen Totalschaden und landete wieder im Hospital.

Als mein Wehrdienst zu Ende war, kaufte mir mein Vater einen weißen, aufgemotzten Ford XR3. Es war an der Zeit, das flotte Gefährt auf seine Pferdestärken zu testen. Martin war wieder mit von der Partie. Auf einer Landstraße am sandigen Stadtrand von Windhuk rasten wir mit 140 Stundenkilometern die leere Straße entlang. Was wir nicht bedachten, war, dass der Teerbelag abrupt und uneben in einer Schotterstraße endete. Ich verlor die Kontrolle über den Wagen und baute wieder einen Totalschaden. Martin blieb unversehrt und mir bescherte der

Unfall lediglich ein blaues Auge. Ich torkelte nach Hause. »Ich habe den Wagen versenkt«, gestand ich meinem Vater und fügte, mich und ihn beruhigend, hinzu: »Aber mir ist nichts passiert.«

Mein Vater fragte: »*Was* hast du getan?«

»Ich habe einen Totalschaden mit dem XR3 gebaut«, schluckte ich und merkte schon, dass es ernst wurde. Seine Antwort darauf war ein so heftiger Schlag ins Gesicht, dass ich durch das Zimmer segelte und zwischen Bett und Schrank landete. Diese Demütigung war schlimmer als der Unfall selbst.

Trotzdem schenkte er mir ein neues Auto, mit dem ich kurz darauf nach Swakopmund unterwegs war. Das ist keine lange Strecke, aber ich war von meinen diversen Aktivitäten extrem übermüdet an diesem lauen, frühen Abend und fühlte mich noch dazu etwas besinnlich. In dieser Stimmung hörte ich im Wagen der Predigt eines Radio-Pastors zu. Am Ende der einschläfernden Sendung forderte er die Hörer auf: »Lasset uns die Augen schließen und beten.« Ich schloss die Augen und erwachte vier Tage später aus meinem Koma in einem Krankenhaus. Ich war in einer Kurve einen Hügel hinabgestürzt und, nicht angeschnallt, durch das Sonnendach des Wagens geschleudert worden.

Nach diesem erneuten Totalschaden bestand mein Vater darauf, dass ich mich ohne weitere Verzögerungen endlich um eine Arbeitsstelle bemühen solle. Die Realität eines anstrengenden Arbeitstages würde mir ein für alle Mal meine Flausen austreiben, hoffte er. Wie recht er hatte. Jedenfalls vorläufig.

Ohne Lebenslauf und Termin, einäugig und am ganzen Körper voller Narben, aber trotzdem in den damals landestypischen Khakishorts und im kurzärmligem Hemd, betrat ich guter Dinge und mit meinem Bauzeichner-Diplom ausgestattet die Büroräume einer namibischen Personalagentur, die mit der deutschen Geschäftsgemeinschaft in Windhuk eng verbunden war. Was weder meinem Vater noch meiner Pechsträhne bislang gelungen war, nämlich mich das Fürchten zu lehren, sollte sich in wenigen Minuten vollziehen.

Am Empfang wurde ich sogleich von einer älteren, strengen und extrem schlecht gekleideten Rezeptionsangestellten durch dicke Brillengläsern eisig gemustert. Ob – und nicht wie – sie mir helfen könne, fragte sie. Dumme Frage, dachte ich. Warum sonst bin ich wohl hier?

»Ich brauche einen Job.«

»Haben Sie einen Termin?«, fragte sie, von Papieren auf ihrem Tisch schon wieder abgelenkt. Vielleicht konnte sie den Blick in mein beschädigtes Gesicht nicht ertragen, ich weiß es nicht. Menschen wissen oft nicht, wie sie mir in die Augen schauen sollen. Ich bin das gewohnt, doch an diesem Tag störte ich mich daran und immer mehr wich meine sonstige Dreistheit einer unbeschreiblichen Nervosität.

»Nein.«

»Um welche Art von Job handelt es sich denn?«

»Bauzeichner.«

»Haben Sie Erfahrung?«

»Ich habe ein Diplom«, erwiderte ich und wedelte unbeholfen damit herum.

»Reicht nicht, wir vermitteln nur Leute mit Erfahrung.«

»Können Sie denn nicht wenigstens mal nachschauen, ob es etwas für mich gibt?«

»Gibt es nicht. Muss ich nicht.«

Ich habe keine Ahnung, warum mich ihr Ton so einschüchterte, aber ich war unfähig zu kontern. Jedenfalls druckste ich eine Weile herum, war unentschlossen, aber zum Verabschieden konnte ich mich auch nicht durchringen. Nicht weil ich rebellierte, ich wusste einfach nicht weiter. So hatte ich mir das nicht vorgestellt. Vielleicht missverstand sie mein Verweilen als trotziges Beharren, jedenfalls reichte sie mir plötzlich ein Formular auf einem Schreibbrett mit einem Stift, der an einem unappetitlichen Strick baumelte.

»Setzen Sie sich dort drüben hin und füllen Sie das Formular aus«, herrschte sie mich an.

Ich fing an zu schreiben und schrieb und schrieb. Das vierseitige Formular war kaum zu bewältigen. Was die alles wissen wollten! Fehlte nur noch, dass sie nach der Haarfarbe meiner Schwester fragten. Ich reichte ihr die Unterlagen zurück und sie bat überraschend höflich darum, von meinem Diplom, meinem Personalausweis und meinem Führerschein Kopien machen zu dürfen. Danach musste ich mich setzen und eine gefühlte Ewigkeit warten. Ich bekam einen Kaffee in einem Becher aus Polystyrol. Nervös kratzte ich am Becherboden herum, bis er sich löste und sich der Becherinhalt auf meine Hose ergoss. Waschraum. Wieder setzen. Wieder warten. Eine junge Frau erschien und ging mit mir in ein Zimmer, das man eigentlich nur als Würfel beschreiben kann, so klein und viereckig war es. Ein schreckliches, nacktes Zimmer mit einem unschönen Holztisch. Wie ein Verhörzimmer kam es mir vor, nur fehlte die obligatorische Tischlampe. Das Gespräch selbst verlief entsprechend, fast blickte ich mich nach einem Telefon um, um einen Anwalt anzurufen. Ich fühlte mich unbeschreiblich fehl am Platze, sie verhörte mich förmlich, bombardierte mich mit knappen Fragen und überwältigte mich vollkommen mit ihrer Macht über meine Zukunft. Nein, dachte ich auf einmal. Sie überwältigt mich nicht. Ich *lasse* mich von ihr überwältigen. Genug jetzt. Mit diesem Mantra gewann ich etwas an Mut zurück. Nach dem schnell abgehakten Gespräch – es gab ja wirklich nicht sehr viel zu erzählen über meinen nicht vorhandenen Werdegang – versprach sie mir, aus den Informationen auf dem Formular einen Lebenslauf zu erstellen und sich in ein paar Tagen mit mir in Verbindung zu setzen. Das passierte auch, sogar noch am gleichen Tag. Weitere Fragen. Wieder der forsche Ton. Weiterhin blieb ich angespannt und verdrängte jeden Hoffnungsschimmer vorbeugend mit einer für mich untypischen Überdosis von Pessimismus. Doch schon am nächsten Tag hatte ich einen Termin bei einem kleinen Konstruktionsbüro. Der Inhaber war ein imposanter Mann, der noch relativ jung, aber schon vollkommen grauhaarig war. Er rief seine Chefkonstrukteurin hinzu. Ein weiblicher Chef war in dieser Branche zu der Zeit höchst ungewöhnlich, das hatte ich nicht erwartet. Zusammen nahmen sie mich in die Mangel und beendeten das Gespräch mit dem Versprechen, dass ich spätestens in zwei Tagen von ihnen hören würde. Genau zwei Tage später bekam ich einen Anruf von der abgestumpften Empfangsdame der Agentur, wieder in sprödem Ton. Ein Angebot läge für mich bereit, ich möge es mir bitte an der Rezeption abholen.

Mein Vater, beruhigt und glühend vor Stolz, drängte mich trotz meiner inzwischen erwachten Lust auf weitere Vorstellungsgespräche, sofort zuzusagen. So trat ich am folgenden Montag meine allererste Stelle an. Die Vermittlerin selbst sah ich nie wieder und hörte auch nichts mehr von ihr. Ich blieb ein Jahr bei dieser Firma.

Dann begann ich mich um eine neue Stelle zu bemühen, diesmal als Projektkoordinator für eine Spedition. Ich bekam sie im ersten Anlauf, obwohl das ein radikaler Karrierewechsel war. Aber ich habe mir schon immer in den Kopf gesetzt, meinen Willen durchzusetzen – egal wie die Karten liegen, und die liegen bei mir auf den ersten Blick denkbar schlecht. Aufgrund meiner Behinderung glaubte ich von Anfang an, ich müsse härter arbeiten als die anderen, doppelt so viel bringen, um diesen Makel auszugleichen. So begann ein bis zum heutigen Tage andauerndes Streben nach Karriereaufstieg und dem Erwerb von Qualifikationen. Inzwischen habe ich mir hoch anerkannte Auszeichnungen im Projektmanagement, ein kaufmännisches Diplom und ein MBA erarbeitet. Meinen Traum, Air-Force-Pilot zu werden, konnte ich aufgrund meiner Behinderung nicht verwirklichen, stattdessen entwickelte ich ein enormes Qualitätsbewusstsein. Wenn ich zu einem Interview marschierte, war mir immer klar, dass meine Mitbewerber ein Auge mehr als ich und nicht unbedingt weniger Erfahrung haben. Also musste ich mit überdurchschnittlichen Fähigkeiten und persönlichem Geschick aufwarten, um überhaupt eine Chance zu bekommen. Ich kann gar nicht beschreiben, in welch unausgeglichene Arbeitswut mich dieser Glaube über die Jahre getrieben hat. Heute bin ich fünfundvierzig und blicke auf eine hundertprozentige Erfolgsrate zurück: Ein Interview – ein Job. Jedes Mal. Nur einmal musste ich eine temporäre Niederlage einstecken, die mich sehr verwunderte. Mehr darüber gleich, denn ich möchte chronologisch fortfahren.

Durch mein wachsendes Selbstbewusstsein verstärkte sich auch wieder meine Lust auf Aufregung. Ich machte einer jungen Frau den Hof, deren Hobby Fallschirmspringen war. Natürlich schloss ich mich ihr nur zu gern an und meldete mich zu einem Kurs an, der jeden Samstag stattfand. Der erste Sprung bescherte mir einen Augenblick tiefen Friedens, den zu schildern eigentlich gar nicht möglich ist. Weitere Samstage vergingen. Gewagtere Sprünge folgten. Bis mich eines Tages das Schicksal wieder einholte und eine neue Pechsträhne ihren Lauf nahm.

Bei einem Sprung fiel kurz vor Erreichen des Bodens aus einem unerklärlichen Grund mein Fallschirm über mir zusammen und ich stürzte aus dreißig bis vierzig Meter Höhe im freien Fall nach unten. Wir hatten das Abrollen bis zum Gehtnichtmehr geübt und ich versuchte tapfer, diese Technik in meiner Notlage anzuwenden. Aber der Aufprall war so gewaltig, dass er sich durch nichts lindern ließ. Beim Landen in Seitenlage vernahm ich ein lautes Krachen. Ich hatte mir das Kreuz gebrochen. Absichtlich rührte ich mich kaum, bis Hilfe herbeieilte, aber da ich meinen Zeh bewegen konnte, wusste ich, dass ich wie durch ein Wunder von einer Lähmung verschont geblieben war. Drei Wirbel mussten fusioniert werden und wieder erwartete mich ein langer Krankenhausaufenthalt. Gefolgt von einem weiteren Autounfall, dem diesmal mein Ellbogen zum Opfer fiel.

Zurück an meinem Arbeitsplatz, erhielt ich kurz darauf einen Anruf.

»Ich werde Ihnen nicht sagen, woher ich Ihren Namen habe, aber ich möchte mich mit Ihnen treffen, um ein Stellenangebot mit Ihnen zu besprechen.«

»Worum handelt es sich genau?«

»Das sage ich Ihnen, wenn Sie da sind.«

Ich war eigentlich nicht auf der Suche, aber so ein mysteriöses Angebot konnte ich mir schon alleine aus Neugierde nicht entgehen lassen. Ich sagte zu und traf mich eines späten Nachmittags mit einem jungen Mann in einem schicken Hotel in Windhuk. Dort lud er mich auf einen Drink ein und wir führten ein sehr informelles Gespräch. Es stand im direkten Kontrast zu meiner ersten Erfahrung mit einer Personalvermittlung. Dass ich mittlerweile drei Jahre in der Logistikbranche tätig war, schien ihn nicht zu stören. Wer Projekte leiten kann, wird seine Prinzipien überall anwenden können, meinte er. Endlich jemand, der das begriff! Mein Bauzeichner-Hintergrund bot dazu noch ein gutes Fundament. Wie sich herausstellte, handelte es sich bei dem angebotenen Projekt um die Erneuerung eines Einkaufszentrums. Der Prozess zog sich etwas in die Länge, aber als es endlich so weit war, lud man mich bei dem Vorstellungsgespräch auf ein Rugbyspiel ein. Ich sollte in der Privatbox mit dem Bauherrn bekannt gemacht werden. Wenn ich seine Sympathie gewinnen könne, würde man mir ein Angebot unterbreiten, hieß es. Ich nahm die Einladung an und verbrachte den Nachmittag in der Box des potenziellen neuen Arbeitgebers. In der Woche darauf erhielt ich einen Anruf von dem Headhunter, der mir positives Feedback geben wollte. Ich merkte, dass er nichts von dem Rugbymatch wusste, und beschloss, es nicht zu erwähnen. Mir war irgendwie unangenehm, über ein Sportereignis rekrutiert worden zu sein. Wenn der Kunde es dem Personalberater nicht anvertraut hatte, sollte er es auch von mir nicht hören.

Leider gab es schon kurze Zeit nach Arbeitsbeginn Spannungen zwischen mir und dem Chef, einem impulsiven Spinner, der so korpulent wie jähzornig war. Nachdem er eine meiner Mitarbeiterinnen grundlos beschimpft hatte, suchte ich das Weite. Zum ersten Mal musste ich meinen eigenen Lebenslauf schreiben und stellte ihn auf einem der Karriereportale ein, die gerade in Mode gekommen waren. Noch am gleichen Tag erhielt ich einen Anruf von der Inhaberin einer Beratung, wieder für eine Anstellung in der Baubranche. Wir trafen uns und sie sagte, sie habe insgesamt vier Profile, die sie weiterleiten würde. Meines liege obendrauf, was immer das heißen sollte. Wenige Tage später flog ich nach Johannesburg zu einem Vorstellungsgespräch. Mir dämmerte, warum ich vorgeschlagen worden war: Dieses Unternehmen leitete Großprojekte in Namibia und man brauchte einen Zweigstellenleiter vor Ort. Ich nahm die Stelle an.

Als es an der Zeit war, mich nach einer neuen Herausforderung umzusehen, bewarb ich mich privat auf eine Anzeige. Wenige Tage später bekam ich … eine Absage per E-Mail. Die erste meines Lebens. Es war eine vorformulierte Generalabsage, die mich sehr wunderte und auch verärgerte. Ich fand mich für die Position wie geschaffen und verstand nicht, warum ich nicht einmal zu einem Vorstellungsgespräch eingeladen wurde. Ich konnte das nicht auf sich beruhen lassen und telefonierte mit dem Personalchef. Er gab zu, die Bewerbung in positiver Erinnerung zu haben, und versprach nachzuforschen. Kurz darauf rief er zurück und entschuldigte sich. Es handelte sich um ein Versehen, erklärte er mir. Er habe beim ersten Prüfen zwei Stapel angelegt, einen mit guten und einen mit schlechten Erbsen, sozusagen, und meine Bewerbung landete auf dem falschen Haufen. Er verstand nicht, weshalb mein Lebenslauf nicht mehr auftauchte, bis er ihn in dem Korb mit den Absagen fand, die seine Mitarbeiterin inzwischen bearbeitet hatte. Ich wurde eingeladen – und eingestellt.

Seitdem hatte ich noch zweimal Kontakt mit Headhuntern, jeder Kontakt führte zu einem neuen Angebot.

Achtmal habe ich bisher die Anstellung gewechselt, achtmal entkam ich knapp dem Tod, die nicht lebensbedrohlichen Unfälle ausgenommen. Irgendwann überkam mich die Einsicht, dass mir nur noch eines meiner neun Leben bliebe. Und so heiratete ich im Alter von achtunddreißig Jahren, bin inzwischen Vater von zwei Söhnen. Als mein zweiter Sohn auf die Welt kam, meinte mein Vater, dass mir zwei Söhne geschenkt wurden, um mir doppelt heimzuzahlen, was ich alles angestellt hatte. Er sagte es nicht ohne Stolz. Schließlich bin ich *sein* Sohn.

Hintergrund

1. Dass Absagen Kandidaten verärgern, ist verständlich. Hinzu kommt das Problem des Timings. Nimmt man sich zu viel Zeit mit der Absage, lässt man den Kandidaten in einem Zustand der Ungewissheit und das ist nicht fair. Sagt man zu früh ab,

wird man oft beschuldigt, die Bewerbung nicht ordentlich geprüft zu haben. Aber wenn eine Absage nach der Vorprüfung berechtigt ist, hat es keinen Sinn, die Person absichtlich warten zu lassen. Die Vorprüfung selbst nimmt nicht Wochen in Anspruch, sondern nur wenige Minuten. Nur Kandidaten, die durch das erste Stadium kommen, müssen sich gedulden, denn nur wenn die Mindestkriterien erfüllt sind, kommt es zu einem Vergleich dieser in die engere Auswahl genommenen Bewerbungen. Allerdings verübeln Kandidaten schnelle Absagen so sehr, dass viele Berater auch die aussortierten Bewerbungen erst einmal auf einen Stapel legen und dann alle Absagen gleichzeitig bearbeiten, um sie nach Abschluss des Verfahrens abzuschicken. Sehr gute Personalberatungen, die großen Wert auf ihre Kandidatenbeziehungen legen, werden telefonisch absagen oder ein individuelles Schreiben formulieren. Doch vielen durchaus respektablen Beratungen ist dies aufgrund des hohen Bearbeitungsaufwands aus Zeitgründen nicht möglich – trotz bester Vorsätze. Je spezialisierter die Beratung, desto größer ist die Chance auf individuelle Betreuung und ausführliches Feedback. Wenn Sie einmal in die Situation kommen, eine ehrliche Begründung zu erhalten, respektieren Sie das Risiko, das der Berater damit eingeht. Viele Bewerber wünschen sich individuelle Absagegründe, aber die wenigsten können damit umgehen, wenn sie sie erhalten. Der Berater will Ihnen mit einer schnellen oder persönlich begründeten Absage wirklich nur helfen und schwimmt absichtlich gegen den Strom, um Ihnen den Weg für die nächste Bewerbung zu ebnen. Erschweren Sie ihm nicht das Gespräch, indem Sie einen Streit anzetteln. Wenn die Stelle noch offen ist und Sie sich für das Weiterkämpfen entscheiden, machen Sie es mit Geschick, indem Sie sich zunächst für die Offenheit bedanken und dann sagen: »Ich sehe, ich habe bei meiner Bewerbung meine Kenntnisse im Bereich XYZ nicht ausreichend hervorgehoben. Ich werde das nachholen, indem ich meinen Lebenslauf überarbeite und ihn morgen noch mal vorlege. Wenn ich schon dabei bin, auf was sollte ich dabei noch achten?« Auch wenn Sie damit nicht an das gewünschte Ziel kommen sollten, erhalten Sie durch diese vernünftige Herangehensweise zusätzliche Informationen, die Ihnen beim nächsten Anlauf weiterhelfen werden.

2. Beim Durchstöbern meiner Akten nach einem geeigneten Kandidaten für diesen Teil des Buches stand mir eine lange Liste von Kontakten zur Verfügung. Ich brauchte einen kommunikativen, humorvollen Kandidaten mit einem gesundem Selbstbewusstsein. Denn nur dann würde er mit der Wahrheit herausrücken und auch ein paar Mängel zugeben, statt sich schützen zu wollen. Einige Karrierewechsel musste er vorweisen können und Erfahrung im Umgang mit Personalberatern mitbringen. Etliche solch mutiger Anwärter hatte ich bereits in Erwägung gezogen, als mir wie durch eine Eingebung Fritz einfiel. Ich kramte seine alte Telefonnummer hervor und war wie vom Blitz getroffen, als ich ihn anrief: »Mensch, Annette! Das gibt es doch nicht!«, hörte ich ihn sagen. Er hatte tatsächlich noch meine Nummer gespeichert. Wir hatten sechs Jahre lang nicht mehr telefoniert.

Mein Plan war lediglich, ihm einen Erfahrungsbericht über seine Zusammenarbeit mit Headhuntern zu entlocken. Das gehört alles nicht zum Thema, dachte ich hie und da, während er erzählte, bis es mir dämmerte, dass es sehr wohl dazugehörte. Dieser Kandidat mit seiner mir vorher nur teilweise bekannten Lebensgeschichte wuchs mir immer mehr ans Herz. Beschämt gebe ich zu, dass auch ich bei unseren Zusammenkünften nie so recht wusste, in welches Auge ich ihm blicken sollte; in beide gleichzeitig zu schauen, klappte irgendwie nicht. Jahrelang glaubte ich, er würde nur stark schielen, denn er sprach nie darüber und ich fragte natürlich auch nicht danach, warum sein Gesicht entstellt sei. Wie so viele Menschen, die mit einem Handicap leben, gleicht er dies mit so viel Charakterstärke aus, dass es gar nicht möglich wäre, ihn nicht zu respektieren.

In vorangegangen Kapiteln betone ich mehrmals, dass bei Einstellungsentscheidungen viel seltener diskriminiert wird als allgemein angenommen. Am meisten zählen Leistung, persönliche Stärke und der konstruktive Umgang mit Rückschlägen. Mir und uns allen zeigt Fritz' Geschichte, dass man sich nicht von seinen Zielen abbringen lassen sollte. Eine Verstärkungstheorie aus der Psychologie besagt, dass man sich angewöhnen kann, für seine Gefühle Verantwortung zu übernehmen, genau wie für alles andere im Leben. Das bedeutet, niemals »Er schüchtert mich ein« zu sagen, sondern »Ich lasse mich von ihm einschüchtern«. Nicht »Sie bringt mich zum Ausrasten«, sondern »Ich lasse mich von ihr zum Ausrasten bringen«. So behält man die Wahl und die Kontrolle, weil man die Empfindung bewusst zulässt. Haben Sie bemerkt, dass Fritz schon in jungen Jahren diese Theorie ganz natürlich und unbewusst anwandte?

Während ich an diesem Kapitel schrieb, sah ich im Fernsehen einen Tatsachenbericht über ein Flugzeugunglück. Die Hydraulik war komplett ausgefallen. Die Crew überlebte, indem sie das Flugzeug fast eine Stunde lang in der Luft hielt, nur mithilfe der Motorenlenkung zurück zum Flughafen flog und fast unbeschädigt aufsetzte. Dem Bericht zufolge glückte dieses Manöver zum ersten Mal in der Geschichte der Luftfahrt. Im Interview sagte der Pilot: »Wir hatten Glück, aber wir haben auch gekämpft. Ich sagte mir bewusst nicht: ›Ich will nicht sterben.‹ Ich sagte mir: ›Ich will leben.‹« Auch bei Fritz hat sich diese Einstellung bewährt. Er wollte immer am Leben bleiben und auf dem Arbeitsmarkt erfolgreich sein. Und er ist es bis heute.

14

DAS HONORAR

»Wir haben uns alle gekrümmt vor Lachen«

*Annette Kinnear, 50,
Personalberaterin*

Vorweihnachtszeit. Stresszeit. So viel gab es noch abzuarbeiten, Jahreskalender mussten zum Druck, Weihnachtskarten verschickt werden. Und dann gab es noch das Problem, einkaufen gehen zu müssen, und die drängende Frage: Was schenken? Das süße Patenkind Meike hatte schon mehr Spielsachen, als es überhaupt noch kaputthauen konnte, Onkel Josef freute sich eh nie über Geschenke oder tat wenigstens so, Schwager Peter brauchte keine Socken mehr.

Die Schwierigkeiten mit der Geschenkewahl griffen aufs Geschäftliche über. Wieder einmal zerbrachen wir uns im Team den Kopf, was wir dieses Jahr verschenken sollten. Unsere Auswahl war begrenzt. Typische Corporate Gifts waren uns zu kalt. Unser Geschäft ist höchst intim und erfordert eine persönliche

Note. Aber es durfte einen gewissen Wert nicht überschreiten. Das diktierte nicht unser Budget, sondern der gute Geschmack. Alles, was nach Bestechung auch nur riecht, ist nicht nur stillos und unethisch, sondern auch größtenteils unerwünscht. Kunden können in große Verlegenheit kommen, wenn sie sich für wertvolle Geschenke von Personalberatungen rechtfertigen müssen. Und das Geschenk zurückzuweisen ist ebenfalls eine unangenehme Sache, also bringt man am besten den Kunden gar nicht in so eine Situation. Das war auch in diesem Jahr die Devise, aber erkenntlich zeigen wollten wir uns dennoch für die gute Zusammenarbeit mit unseren engsten Kundenfirmen. In jenem Jahr entschieden wir uns für deutsche Weihnachtsplätzchen. Sehr, sehr gute Kunden sollten eine Flasche deutschen Wein und einen Dresdner Stollen bekommen. Sachen aus der alten Heimat sind willkommen; weil man Plätzchen und Stollen in der Abteilung verteilen kann und sie auch nichtdeutschen Kunden schmecken, ist es eine Wahl, die nicht als anrüchig gedeutet werden kann. Auch der Wert einer Flasche Wein hält sich in Grenzen.

Ich machte mich also ab Mitte Dezember auf den Weg und klapperte meine guten Kunden ab. Bei manchen hatte ich Termine, bei anderen schneite ich nur mal kurz herein, weil ihre Firmensitze sowieso auf dem Weg lagen. An einem dieser Tage hatte ich eine Panne nach der anderen.

Zu Beginn kam ich frohen Mutes in das Büro des Produktionsleiters eines Schweizer Fertigungsunternehmens und überreichte ihm strahlend wie Rotkäppchen seine Weihnachtstüte mit dem guten Moseltropfen, importiertem Kuchen und meisterhaft handgearbeiteten Plätzchen. Er war alles andere als erfreut. Er zog kurz die Flasche Wein aus der Tüte und meinte trocken: »Hätten Sie mir lieber einen REFA-Planer und endlich einen Vorrichtungsbauer mitgebracht.«

Beschämt, weil es mir immer noch nicht gelungen war, die perfekten Kandidaten hervorzuzaubern, setzte ich mich in mein Auto und fuhr weiter.

Bei der Überreichung meines Geschenks an einen Knopffabrikanten sauste die Weinflasche durch die Tüte und zerbrach vor der Tür der Spritzgießerei vor der ganzen Belegschaft in tausend Stücke. Die Tüten waren in diesem Jahr wohl defekt, denn hinterher erfuhr ich, dass das gleiche Schicksal einem anderen treuen Kunden beim Verlassen des Gebäudes auf dem Weg zu seinem Auto widerfuhr. Peinlich.

Geknickt fuhr ich weiter und lieferte meine Gaben ab. Ich hatte ein paar extra Plätzchen dabei, das machten wir immer, falls bei der Übergabe noch jemand dabei war und es unhöflich gewesen wäre, die Person einfach zu übersehen. Ich beschloss spontan, noch bei einem neuen potenziellen Kunden vorbeizuschauen, dessen Firma direkt auf meinem Heimweg lag. Das war ein Regelbruch, denn es sollte ja ein Dankeschön sein. Da wir noch niemanden an diesen Kunden vermittelt hatten, würde es wirklich wie ein Bestechungsversuch aussehen. Aber, rechtfertigte ich mich, die paar Plätzchen, wer fühlt sich davon schon bestochen? Umschmeichelt vielleicht, auch nicht toll, aber jetzt bin ich schon mal fast vor der Tür, das mache ich jetzt auch.

Bei der Firma handelte es sich um ein Hamburger Projekthaus in der Turbinenbranche. In der Vergangenheit hatten wir einige Male an dieses Unternehmen vermittelt, aber nachdem vor ein paar Jahren die Firma an lokale Unternehmer verkauft worden war und der neue Geschäftsführer übernommen hatte, klappte es, trotz intensiver Bemühungen meinerseits, irgendwie nicht. Ein paar Vorstellungstermine hatten zwar stattgefunden, aber zu einer Einstellung kam es nie und zur Zeit meines Hereinplatzens gab es auch keine offenen Stellen in dem Unternehmen. Ich hatte Glück, der Geschäftsführer war da, er empfing mich freundlich, bot mir einen Platz in seinem Büro an und wir unterhielten uns einen Moment. Ich war das erste Mal persönlich bei ihm und in diesem neuen Gebäude und bat bei dieser Gelegenheit um einen Rundgang. Er entschuldigte sich kurz, erfüllte mir dann den Wunsch und führte mich charmant durch die kleinen Büroräume. Die Weihnachtstüte mit den deutschen Plätzchen trug ich ungeschickt noch mit mir herum. Wir wünschten uns gegenseitig alles Gute für Weihnachten, falls wir uns in nächster Zeit nicht mehr sprechen sollten, er nahm die Tüte in Empfang und ich ging.

Das neue Jahr brach an und gegen Jahresmitte erhielt ich einen Anruf von einem ehemaligen Kandidaten, einem Technischen Zeichner. Er habe inzwischen eine andere Stelle angetreten, sei aber nicht glücklich und wolle vorbeikommen. Obwohl wir das auch telefonisch hätten regeln können, bestand er darauf, mich zu sehen. Ich sagte zu und traf mich mit ihm.

»Ich bin jetzt bei XYZ, aber es ist grässlich dort, der Geschäftsführer ist ein mieser Gauner.«

»Wieso bei XYZ? Da waren wir doch nicht erfolgreich mit Ihrer Bewerbung?«

»Na ja, Sie nicht, aber ich.«

»Wie – ›Sie nicht, aber ich‹? Was soll das heißen? Haben Sie sich dort noch mal selbst beworben?« Verwirrt blättere ich durch den Lebenslauf. Tatsächlich, da stand es.

»Nein, also das war so«, druckste er verlegen herum. »Ich habe die Stelle damals schon bekommen, aber Jeremy hat mir verboten, Sie darüber zu informieren.«

»Was?« Mir flatterten bereits die Hände, mein Blut kochte. Das ist das Allerschlimmste, was einem Berater, der auf Provisionsbasis arbeitet, passieren kann. Und das gibt es immer wieder mal. Das »Was?« war eine rhetorische Frage, mir wurde sofort klar, was sich da abgespielt hatte.

»Sie sind sauer, ich weiß.«

»Okay, was war denn los? Erzählen Sie mal der Reihe nach.«

»Nach dem ersten Vorstellungsgespräch bekam ich ja von Ihnen die Absage.«

»Richtig.«

»Ja, aber kurz darauf erhielt ich einen Anruf von Jeremy persönlich, ich möge noch mal vorbeikommen. Er bat mich aber vorerst um Geheimhaltung.«

»Sie meinen, mir gegenüber?«

»Ja, genau.«

»Das hat er gesagt? Sie dürfen es mir nicht erzählen?«

»Ja, genau«, wiederholte er schluckend.

»Und dann?«

»Ich ging noch mal hin, dachte, es handle sich wiederum um ein Interview, aber er bot mir sofort die Stelle an, allerdings nur, wenn es ›unter uns‹ bliebe. Er sagte, Ihr Honorar sei unverschämt hoch und er würde mich gern haben, aber könne es sich nicht leisten.«

»Darauf haben Sie sich eingelassen?«

»Es schien plausibel.«

»Plausibel?«

»Ich wusste ja nicht, was das kostet. Ich dachte, der Betrag sei nicht gerechtfertigt, und sagte mir, dass es nichts mit mir zu tun habe, wenn Sie sich nicht mit dem Kunden einig werden.«

Jetzt schluckte ich.

»Barry, haben Sie denn nicht bedacht, dass das unehrlich ist?«

»Klar war mir nicht wohl dabei.«

»Und ungerecht!«

»Ja.«

»Aber vor allem unehrlich«, wiederholte ich zornig.

»Ja, das hat meine Frau auch gesagt. Sie riet mir von vorneherein ab, aber ich wollte die Stelle.«

»Wie kann man denn nur für einen solchen Betrüger arbeiten wollen? Sie müssen doch geahnt haben, dass so etwas nicht gut gehen kann. Wenn er mich übers Ohr haut, warum denn nicht auch Sie?«

»Ich dachte, er würde wenigstens seine Angestellten nicht betrügen.«

»Okay, was war dann?«

»Ach, kein einziges von seinen Einstellungsversprechen hat er wahrgemacht, es ist unerträglich mit ihm. Er kann sehr charmant sein, aber wenn er seine cholerischen Anfälle bekommt, ist das Klima im ganzen Büro nicht auszuhalten. Erinnern Sie sich an den Tag, an dem Sie der Firma einen Weihnachtsbesuch abstatteten?«

»Allerdings.« Warum musste ich auch die Regeln brechen, dachte ich, die bestehen aus gutem Grund, Jeremy hatte wirklich keinen einzigen Krümel von unseren tollen Plätzchen verdient!

»Waren Sie angemeldet?«

»Nein, ich kam überraschend vorbei.«

»Das dachte ich mir, denn Jeremy kam plötzlich ins Zeichenbüro gehetzt und befahl mir, hinter der Tür zu verschwinden.«

»Was?«

»Ja, ich versteckte mich hinter der offen stehenden Tür, während Sie das Büro besichtigten.«

»Das darf doch wohl nicht wahr sein.«

Schweigen.

»Das ist nicht Ihr Ernst, oder?«, forderte ich ihn zur weiteren Berichterstattung auf.

»Doch, ich habe Sie gehört und gesehen. Sie hatten eine Weihnachtstüte in der Hand.«

»Ach – und hinterher habt ihr euch alle lustig gemacht, oder wie?« Ich bemühte mich, sachlich zu bleiben, doch es misslang mir.

»Ehrlich gesagt, ja, wir haben uns alle gekrümmt vor Lachen. War Ihnen nicht aufgefallen, dass sich alle das Lachen kaum verkneifen konnten?«

»Nein, ich fand alle sehr freundlich und dachte, es herrsche ein lockeres Betriebsklima.«

»Es tut mir wirklich leid, ich mache das nie wieder. Können Sie mir etwas anderes anbieten? Ich muss da weg.«

Ich war von seiner aufrichtigen Dreistheit so in den Bann geschlagen, dass ich nicht anders konnte, als plötzlich auch zu lachen. Ich stellte mir vor, wie ich naiv grinsend durch das Büro spazierte, Kekse in der Hand, während der Kandidat hinter der Tür wartete, bis ich endlich wieder abdampfte und er aus seinem Versteck kriechen konnte.

Am gleichen Tag schickte ich grimmig meine Rechnung raus – ohne das übliche nette Anschreiben. Vierzehn Tage später ging, ebenfalls ohne Kontaktaufnahme seitens des Ingenieurbüros, die Summe ein.

Viele, viele Jahre später, ich leitete inzwischen alle technischen Abteilungen unserer Beratung, bat eine Mitarbeiterin um ein Gespräch.

»Ich möchte mit einem Kunden zusammenarbeiten, aber er steht auf der schwarzen Liste.«

»Was sagt denn Ihre Teamleiterin dazu? Die kann das doch rückgängig machen, wenn sie es für angebracht hält.«

»Sie schickt mich ja, denn da ist ein AK-47-Vermerk von Ihnen in der Akte.«

Ich wurde hellhörig. Meine persönlichen Vermerke auf schwarzen Kundenlisten standen fast immer in Verbindung mit Rachegelüsten, die mich befallen hatten, nachdem einer meiner Kollegen oder ich selbst ganz übel reingelegt worden war. Intern bezeichneten meine Kollegen solche Vermerke als AK 47, mit Bezug auf meine Initialen und das sowjetische

Awtomat-Kalaschnikowa-Sturmgewehr. »Um welches Unternehmen handelt es sich denn?«

Sie nannte den Namen.

»Tut mir leid, aber dahin wird nicht vermittelt.«

»Aber der Kunde ist wirklich nett und hat schon ein paar Mal angerufen, ich weiß ja gar nicht mehr, was ich ihm sagen soll.«

»Wie heißt denn der Kunde?«

Sie nannte Jeremys Namen.

»Das Übliche. Sagen Sie, wir können leider seinen Auftrag nicht bearbeiten. Er weiß dann schon warum.«

Die Kollegin sah mich verständnislos an und ich erklärte ihr, warum ich keine Möglichkeit zur Zusammenarbeit sah. Sie verabschiedete sich und rief kurz danach auf meiner Nebenstelle an.

»Mr. Jeremy Taylor will mit dem Chef sprechen.«

»Wenn jemand mit dem Chef sprechen will, soll er das dürfen. Stellen Sie ihn ruhig durch.«

»Nein, er will Sie persönlich sehen. Er ist auf dem Weg hierher.«

»Alles klar, ich bin ja hier.« Kontraphobisch gab ich mich ganz als mutig-kühle Vorgesetzte, aber innerlich war mir gar nicht wohl bei meiner unsachlichen Handhabung dieses Problems. Ich schmollte noch immer. Sich ausschmieren zu lassen ist schon schmerzhaft genug, aber *auslachen*! Und von der gesamten Belegschaft! Zu Weihnachten! Mit Plätzchen in der Hand!

Kurze Zeit später saß ich mit Jeremy in einem unserer Besprechungsräume. Ich wartete auf eine Entschuldigung oder wenigstens eine Erklärung, bekam aber keine. Stattdessen lamentiere er über den immer schlimmer werdenden Fachkräftemangel und darüber, wie dringend er Ingenieure brauchte.

»Wir brauchen eine Vorauszahlung«, bluffte ich, »ein Drittel des zu erwartenden Honorars.« Das zahlt er eh nicht, hoffte ich und ging davon aus, dass sich das Problem damit erledigt habe.

»Ja, gut.«

»Wir fangen nicht an, bis das Geld eingegangen ist«, forderte ich kindisch. Ich habe keine Ahnung, warum wir beide nicht den Mut hatten, das Thema offen anzusprechen.

»Ja, das weiß ich.« Er fuhr fort, mir seine Profilanforderung mitzuteilen.

Schließlich ließ es sich nicht mehr vermeiden. »Jeremy, erinnern Sie sich noch an mich?« Ich fragte, denn ich vermutete inzwischen, er wisse gar nicht mehr, wen er vor sich habe.

»Ja, ich weiß, ich weiß, die Sache mit dem Zeichner. Es tut mir leid. Ich kann das erklären.«

»Warum sollte ich mich für Ihre verspäteten Erklärungsversuche interessieren?«

»Sie haben recht, aber es kommt nicht wieder vor.«

»Jeremy, es geht nicht nur um mich, sondern um die Beratung und ihre Mitarbeiter. Wenn wir auf Provisionsbasis arbeiten, sind wir sehr verletzlich. Wir gehen stark in die Vorleistung und sind komplett darauf angewiesen, dass wir auch vergütet werden, wenn es dann zu einem Erfolg kommt.«

»Ich habe doch gesagt, ich leiste die Anzahlung.«

»Meinen Sie das ernst?«

»Ja, ich möchte wieder mit Ihrer Firma zusammenarbeiten.«

»Warum?«

»Weil Sie die Einzigen sind, die so viele Kontakte in der Rotationstechnik haben«, antwortete er erfrischend wahrheitsgemäß und ohne Schmeichelei.

»Wäre es möglich, bei einigen Ihrer früheren Mitarbeiter Auskünfte über Ihr Unternehmen und Ihren Führungsstil einzuholen?«

Er stimmte zu, ich konnte nichts Außergewöhnliches über ihn in Erfahrung bringen, dass er Choleriker wäre oder Ähnliches. So kam es, dass wir uns versöhnten, und Jeremy wurde, endlich, zum Kunden. Mein Zeichner hatte wohl doch auch selbst ein wenig geschwindelt, um zu bekräftigen, wie übel dieser Kunde sich benahm.

Der Kandidat wurde über die Jahre noch mehrmals vermittelt.

Der Knopffabrikant ist inzwischen verstorben.

Der Kunde, der sich so sehr für sein Unternehmen einsetzte, dass er sich zwei Bewerber statt Weihnachtsgeschenke wünschte, rief mich einige Jahre später an. Er war nach über zwanzig Jahren Firmenzugehörigkeit aus wirtschaftlichen Gründen mit einer abscheulich dürftigen Abfindung entlassen worden. Völlig verwachsen mit seiner Firma und seinem Beruf, wirkte er bei unserem Interview so niedergeschmettert, dass ich seinen Gesichtsausdruck bis heute nicht vergessen habe. Er war sechsundfünfzig und hatte noch mit einer ungewöhnlich hohen zweiten Hypothek auf sein Haus zu kämpfen, die ihn sehr belastete. Seine Frau war nie berufstätig gewesen, eines seiner Kinder studierte noch. Ich bin mir sicher, ich hätte ihn vermitteln können, aber eben nicht von heute auf morgen. Ein paar Wochen hätte es schon gedauert. Aber er konnte wohl den Druck und die Scham nicht verkraften, die mit seiner Arbeitslosigkeit verbunden waren. Er brach nach nur wenigen Wochen des Nichtstuns die Zelte ab und kehrte in sein Heimatland Schweiz zurück.

Hintergrund

Die Vergütung einer Personalberatung richtet sich nach dem jeweiligen Geschäftsmodell des Unternehmens. Im Folgenden stelle ich Ihnen die wichtigsten Varianten vor.

1. Die bekannteste Unternehmensform ist die auf Führungskräfte ausgerichtete »Executive Search«. Früher waren es nur die Be-

rater klassischer Executive-Search-Firmen, die Direktansprache betrieben. Sie waren entweder voll darauf spezialisiert oder Mitarbeiter einer Unternehmensberatung, die im Rahmen ihrer Beratung Lücken oder Mängel in der Firmenstruktur aufdeckte und das fehlende Personal dann auch beschaffte. Diesen Firmen wird generell nachgesagt, sie seien teuer und langsam. Positiv wird bewertet, dass weniger Verkauf stattfindet und die Auswahl sorgfältig ist, weil die garantierte Vergütung den Zeit- und Erfolgsdruck verringert. Dieses Modell setzt auch voraus, dass sehr ausführliche Berichte über die vorherrschende Lage des jeweiligen Berufszweiges erstattet werden. Diese Marktforschung rechtfertigt teilweise auch die enormen Honorare. Sie können bis zu fünfundvierzig Prozent des ersten Zieljahrespakets eines Kandidaten erreichen, bewegen sich aber in der Regel zwischen dreiunddreißig und achtunddreißig Prozent. Abgerechnet wird üblicherweise in drei Ratenzahlungen: dreiunddreißig Prozent des Honorars bei Auftragsannahme, dreiunddreißig Prozent bei Vorlage der Berichte und/oder Kandidatenprofile, der Rest bei Abschluss des Auftrags, entweder durch die Arbeitsvertragsunterzeichnung des Kandidaten oder eine individuelle Absprache. Eine Abwandlung ist, die Zahlungen termingenau vorzuplanen und nach Ablauf einer vereinbarten Frist zu leisten. Eine weitere Variante ist, die zweite Zahlung beim Stattfinden der ersten Vorstellungsgespräche zu leisten.

Diese Vermittlungen sind meist an die Garantie gekoppelt, dass innerhalb eines Jahres der Suchvorgang wiederholt würde, sollte der Arbeitnehmer das Unternehmen des Mandanten in diesem Zeitraum aufgrund von eigener Kündigung oder Inkompetenz wieder verlassen. Diese Vergütung wird Honorar genannt, weil sie die Dienstleistung an sich – also den Arbeitsaufwand – honoriert, aber nicht direkt an eine erfolgreiche Vermittlung gekoppelt ist. Nichtsdestotrotz wird diese selbstverständlich vorausgesetzt.

Oft lehnen solche Beratungen Aufträge unter einem gewissen Gehaltsniveau ab.

Executive-Search-Firmen betreiben normalerweise keine Kandidatenvermarktung, das heißt, Sie als Kandidat können dieses Unternehmen nicht beauftragen, eine Stelle für Sie zu finden. Sie müssen quasi »entdeckt« werden. Deshalb gibt es in der deutschen Presse immer wieder Artikel darüber, wie man als Führungskraft Headhunter auf sich aufmerksam machen kann. Wenn das Ihr Wunsch ist, also Sie sich nicht aktiv bewerben wollen oder müssen, aber ansprechbar wären, rate ich persönlich davon ab, sich auf Karriereportalen anzumelden. So verlieren Sie nämlich den Status eines Experten und rutschen in die Kategorie eines Anwärters ab; auf dieser Ebene könnte Ihnen das schaden. Es kommt also darauf an, wie dringend und ernsthaft Ihr Wunsch nach einem Wechsel ist. Allerdings müssen Sie es nicht dem Zufall überlassen. Erste Anlaufpunkte dieser Berater sind die Presse, professionelle Netzwerke und Verbände. Verschaffen Sie sich also eine Präsenz in diesen Medien und Gremien durch Artikel, Bereitschaft zu Interviews, Kommentaren, Foren und entsprechende Mitgliedschaften. So sollte es nicht lange dauern, bis man Sie aufspürt.

Für den Kandidaten entstehen bei einer Vermittlung im Normalfall keine Kosten. Prüfen Sie aber diesbezüglich die Konditionen. In manchen Nationen ist die Vergütung seitens des Kandidaten gesetzlich geregelt oder sogar gänzlich verboten.

2. Aufgrund des zunehmenden Wettbewerbs in dieser Branche müssen die klassischen Headhuntingfirmen inzwischen mit Personalberatungen konkurrieren, die ihre Dienstleistung auch auf Erfolgsbasis anbieten. Auf dieser Ebene verwischen sich die Grenzen, sodass einige Personalberatungen bei manchen Kunden auf Vorschussbasis arbeiten und bei manchen auf

Provisionsbasis – je nach Vereinbarung und Anspruch des Auftrags. Umgangssprachlich wird auch die erfolgsabhängige Vergütung oft Honorar genannt, ist aber korrekt als Provision zu bezeichnen. Diese Provision ist zu hundert Prozent erst dann fällig, wenn der Kandidat den Arbeitsvertrag unterzeichnet, im Ausland sogar oft erst dann, wenn der Kandidat die Stelle antritt. Abweichungen werden immer mehr die Norm. So kann eine auf Provisionsbasis arbeitende Agentur auch eine nicht zu erstattende Anzahlung oder sogar eine zweite Abschlagszahlung verlangen, verzichtet aber im Normalfall auf den Endbetrag, wenn keine Vermittlung erzielt wurde, da keine Berichterstattung stattfindet. Es ist auch nicht unüblich, dass diese Beratungen individuell zusammengestellte Rekrutierungspakete verkaufen, also eine Kombination aus Inseraten, die der Kunde voll oder teilweise finanziert, und aktiver Kandidatensuche. Diese Option leuchtet Mittelständlern ein, denn die bevorzugten Anzeigenraten werden an den Kunden mit einer geringen oder gar keiner Marge weitergegeben.

Das Provisionsmodell erscheint den Kunden sehr attraktiv, weil das Risiko eines Vergütungsanspruches bei fehlender Vermittlung minimiert oder gar ausgeschaltet wird. Auch trägt der enorme Erfolgsdruck in der Regel dazu bei, dass schneller und intensiver gearbeitet wird. Zu den Schattenseiten gehört, dass umso stärker auf die Verkäuferqualitäten der Angestellten geachtet wird, je mehr Risiko bei der Beratungsfirma liegt. Das heißt, es wird teilweise bei der Kandidatenbeschaffung weniger sorgfältig ausgewählt, weil das aus Zeit- und Kostengründen gar nicht möglich ist, und mehr überredet – sowohl auf Kunden- als auch auf Kandidatenseite. Sollten Sie als Kunde so einer Beratung ein festes Honorar anbieten, gewähren Sie auch ihr damit mehr Sicherheit, ermöglichen ihr, sich intensiver für Sie zu bemühen, und profitieren zugleich von dem stärkeren Erfolgsdrang und der Zielstrebigkeit ihrer Belegschaft. Dieses vermischte Modell ist den klassischen Executive Search Consultants zunehmend ein Dorn im Auge, vor allem, wenn sie noch wenig etabliert sind. Es ist jedoch absolut zu respektieren und gewinnt immer mehr an Beliebtheit.

Beratungen, die auf Provisionsbasis arbeiten, bieten nicht immer Direktansprache an, sondern fokussieren auf Initiativbewerbungen, werten die Resonanz auf Stellenanzeigen aus und nutzen Karriereportale, um Kandidaten zu identifizieren. Trotzdem recherchieren manche dieser Beratungen auch in professionellen oder sozialen Netzwerken und in der Presse.

Die Vermittlungsprovision liegt typischerweise zwischen achtzehn und achtunddreißig Prozent des Jahrespakets des vermittelten Kandidaten. Die Kulanzregelung liegt meist zwischen drei und sechs Monaten.

Diese Berater vertreten auch aktiv Kandidaten, ohne dass an sie finanzielle Forderungen gestellt werden – es sei denn, es handelt sich um eine Sonderregelung. Wenn Ihnen eine Agentur anbietet, Sie aktiv zu vermarkten, also bei Firmen anzubieten, von denen ihnen kein aktueller Auftrag vorliegt, dann sollten Sie das wohlwollend prüfen. Denn jeder Kandidat, dem diese Dienstleistung angeboten wird, wurde vorher sorgfältig selektiert. Sie müssen sich diese Berater wie Sportler- oder Künstleragenten vorstellen. Sie gehen in der Regel sehr geschickt vor und haben viele Möglichkeiten, Ihnen Gelegenheiten zu verschaffen, zu denen Sie privat keinen Zugang hätten.

Personalberatungen dieses Modells sind hauptsächlich im Fach- und Führungsbereich angesiedelt und arbeiten im mittleren bis hohen Einkommensektor.

3. Richtet die Personalberatung ihren Fokus hauptsächlich auf den Kandidaten, handelt es sich mit großer Wahrscheinlichkeit

um eine Personalvermittlung. Sie wird sich oft auch als Personalberatung einstufen, einfach weil das gehobener klingt. Aber die Beratungstätigkeit nimmt ab und das Verkaufen gewinnt an Bedeutung, je mehr es um die Vermittlung auf Wunsch eines Kandidaten geht.

Die Provisionen liegen zwischen fünfzehn und achtundzwanzig Prozent und auch hier wird die Zahlung in der Regel vom künftigen Arbeitgeber geleistet, obwohl der Dienstleistungsschwerpunkt beim Kandidaten liegt.

4. Eine private Arbeitsvermittlung geht ähnlich vor wie Ihre zuständige Agentur für Arbeit und beschränkt sich auf das Platzieren von Arbeitssuchenden, wobei die Einkommensgrenze eher niedrig ist. Auch hier bezahlt der Arbeitgeber die Provision. Handelt es sich um einen langzeitarbeitslosen Bewerber, vergütet die Bundesanstalt für Arbeit diese Vermittlung unter gewissen Bedingungen mit einem zusätzlichen Betrag von derzeit 2.000 Euro, bei Behinderten 2.500 Euro. Seit Januar 2013 können nur noch zertifizierte Vermittler sogenannte Aktivierungs- und Vermittlungsgutscheine (AVGS) einlösen und die damit verbundene Erfolgsprämie erhalten.

5. Von allen Personalbeschaffungsunternehmen hatten Zeitarbeitsfirmen lange den wohl schlechtesten öffentlichen Ruf. Ihnen wird nachgesagt, niedrigere Löhne für gleiche Arbeit zu zahlen. Da es inzwischen viele gesetzliche und gewerkschaftliche Regelungen gibt, ist dieses Urteil vielleicht heute weniger berechtigt, aber trotzdem besteht weiterhin Grund zur Kritik, wie die aktuellen Debatten vermuten lassen.

Diese Unternehmen haben es nicht leicht, auch wenn man von den fortdauernden öffentlichen Angriffen absieht. Sie treiben einen hohen administrativen Aufwand, der damit verbunden ist, dass die Kandidaten nicht vom Kunden, sondern von der Zeitarbeitsfirma direkt angestellt werden und ihre Leistung dann mit stundenbasierender Abrechnung »ausgeliehen« wird. Die Lohn- und Sozialabgaben obliegen also den Agenturen. Auch müssen sie Rücklagen aufbringen, damit genügend Kapital vorhanden ist, um die Arbeitnehmer auch dann noch auszuzahlen, wenn die Zeitarbeitsfirma in finanzielle Schwierigkeiten gerät.

Während die unter Punkt 1 bis 4 beschriebenen Beratungen bei Firmengründung in der Regel nur niedrige Handelsschranken überwinden müssen, ist diese Form von Vermittlung beim Start sehr kapitalintensiv – allerdings auch sehr lukrativ, sollte sie Erfolg haben. Dafür müssen die Unternehmen jedoch eine gewisse Größe haben. Je mehr Arbeiter Stunden abarbeiten, desto höher der Verdienst an dem Rest der Marge, denn der Arbeiter muss bis zu einem gewissen Punkt auch dann vergütet werden, wenn er gerade mal nicht eingesetzt wird. Die Marge beträgt manchmal hundert Prozent und mehr und ist deshalb in der Öffentlichkeit umstritten. Marge heißt aber nicht Gewinn. Einkalkuliert sind nicht nur die üblichen Unternehmenskosten, sondern auch die hohen Nebenkosten und Risiken für eine sehr große Mitarbeiteranzahl. Diese umgeht der eigentliche Arbeitgeber größtenteils, indem er ein Zeitarbeitsunternehmen beauftragt; daher nimmt er die Marge auch in Kauf. Verärgert sind in erster Linie die Arbeitnehmer, denn sie können nicht nachvollziehen, weshalb nur die Hälfte des bezahlten Stundenlohns in die eigene Tasche fließt. Auch kämpfen manche Zeitarbeiter mit dem Gefühl, in den auftraggebenden Unternehmen von der Firmenleitung und von den Kollegen als minderwertig behandelt zu werden. Hinzu kommen die wechselnden oder von Unterbrechungen gekennzeichneten Einsätze bei verschiedenen Firmen, was eine Teamintegration und den Aufbau von kollegialen Beziehungen verhindert.

Eine Abwandlung dieses Modells auf Führungsebene ist das Interim-Management. Es basiert auf einem ähnlichem Prinzip, die Verträge werden allerdings öfter langfristig und mit einem gewissen Abschlussziel vor Augen geschlossen.

6. Die Vergütung des Beraters selbst hängt davon ab, in welchem Geschäftsmodell er tätig ist. Je höher das Risiko, desto höher der eigene Provisionsanteil. Je höher das Fixum, desto niedriger sind die Einkommensgrenzen. Und immer gilt: Je länger der Headhunter im Geschäft ist und je bessere Verbindungen er hat, desto erfolgreicher ist er und desto höher sein Einkommen.

Im Durchschnitt verdienen deutsche Berater zwischen 25.000 und 70.000 Euro pro Jahr, je nach Bundesland, Unternehmenspolitik und persönlichem Erfolg. Die Obergrenze ist auch dadurch bedingt, dass der Einstieg in den Beruf relativ schwer ist und die Anlaufzeit, bis der Rubel richtig rollt, schon einmal ein Jahr dauern kann. Bis dahin haben dann drei von vier Einsteigern den Beruf wieder aufgegeben. Von deren mühsam aufgebauten Kontakten profitieren dann meist die zurückbleibenden Kollegen. Erfolgreiche Durchhalter verdienen selten weniger als 80.000 bis 120.000 Euro, die Spitzenverkäufer unter ihnen auch gern mal 200.000 Euro pro Jahr.

Als Personalberatungsunternehmer geht man von der Grundregel aus, dass ein fähiger Berater dem Arbeitgeber ein Drittel seines persönlichen Umsatzvolumens kostet – inklusive der Lohnnebenkosten, des Fixums und aller Provisionen und Prämien.

Man darf aber nicht vergessen, dass die Topverdiener unter den Personalberatern einen hohen Preis bezahlen, um an diese Obergrenzen heranzukommen. Die Einkommen variieren von Monat zu Monat oder von Quartal zu Quartal. Flauten müssen durch Ersparnisse ausgeglichen werden und der Verschleiß von Körper und Seele ist extrem hoch. In der amerikanischen Fachsprache gibt es ein hässliches Wort: Man spricht vom »Shelf life« des Beraters, also vom Verfallsdatum, wie bei Lebensmitteln. Ich habe diesen Begriff zum ersten Mal gehört, als ich mich bei meiner ersten oder zweiten Beraterkonferenz in eines der Managementseminare schlich. Ich betrat den verdunkelten Raum nach Beginn des Vortrags und setzte mich in die letzte Reihe gleich neben die Tür, um unerkannt zu bleiben. Damals fühlte ich mich schockiert, pikiert und demoralisiert von dem Gedanken, als Ware abgewertet zu werden. Für diese Wahrheiten war ich noch nicht gewappnet, das war sicher der Grund, warum ich damals von meiner Geschäftsleitung keine Einladung erhielt.

Auch heute wehre ich mich stark gegen diese Formulierung, verstehe aber mittlerweile, wie sie zustande gekommen ist. Es ist tatsächlich wahr, dass fast kein Mensch dem Druck auf die Dauer standhalten kann. Viele dieser Topleute arbeiten ein paar Jahre fast rund um die Uhr und werden dann mit ihren Ersparnissen selbst Unternehmer oder steigen in Führungspositionen auf. Wie immer gibt es auch hier Ausnahmen. Meine Bemerkungen in diesem Kapitel beruhen auch nicht auf spitzfindigen empirischen Studien, sondern sollen als persönliche Erfahrungsberichte bewertet werden, die einen kurzen, allgemeinen Überblick geben. Faire, motivierende und trotzdem noch rentable Kompensationsmodelle in dieser Branche sind überraschend komplex und bereiten weltweit großes Kopfzerbrechen – auch professionellen Spezialisten, die mit der Entwicklung solcher Modelle beauftragt werden.

7. Gelegentlich kommt es vor, dass ein Arbeitgeber Personalberatungen gegenüber misstrauisch ist, weil er bisher nur wenige oder sogar schlechte Erfahrungen mit diesen Dienstleistern ge-

macht hat. Er legt dann im Arbeitsvertrag fest, dass der Arbeitnehmer die Vermittlungsprovision zurückzahlen muss, falls er vorzeitig das Unternehmen verlässt und die Garantie abgelaufen ist. Dieses Abwälzen der Verantwortung auf den Kandidaten betrachten wir als unmoralisch, wie auch jeden Versuch, ihn in die Honorarverhandlung einzubeziehen. Sollten Sie in eine solche Lage kommen, sprechen Sie auf jeden Fall mit Ihrem Berater, bevor Sie eine solche Klausel unterschreiben.

Hüten Sie sich auch vor Arbeitgebern, die Ihnen mitteilen, dass man Sie gern einstellen würde, aber nur, wenn die Agentur das Honorar reduziert. Personalberatungen arbeiten im Auftrag des Unternehmens, das Honorar wurde vorher abgesprochen und meist auch schriftlich fixiert. Auch im Falle einer Kandidatenvermarktung wird kein Bewerber angeboten, ohne dass die Kundenfirma über die damit verbundene Provision informiert wurde – es sei denn, die Beratung hat es versäumt, dem Kunden ihre Geschäftsbedingungen mitzuteilen, was sehr selten ist. In einem solchen Fall haben Sie es eventuell mit einem Arbeitgeber zu tun, der im Begriff ist, einen Vertragsbruch zu begehen. Deshalb ist es wichtig, sich mit dem Berater darüber auszutauschen, damit eine Lösung gefunden werden kann. Makler verringern mitunter die Maklergebühr, um im Endstadium einen Verkauf zu erzielen; das ist im seriösen Headhunting unüblich. Noch nie habe ich in unserer Branche von dem Verfahren gehört, die Differenz zwischen einem Angebot und einer Gehaltsforderung vom Maklerhonorar abzusetzen, um das Geschäft abzuschließen, also einen Teil des Honorars indirekt an den Kandidaten abzugeben.

15

»Meine Botschaft an Headhunter ist: Leute, zeigt Charisma!«

Thomas Leitner, 48,
Geschäftsführer eines Ingenieurbüros für Großprojekte,
Buenos Aires, Argentinien

Ich habe meine derzeitige Position der Intervention eines Headhunters zu verdanken. Darin bestand meine erste Prägung durch die Personalberatungsindustrie. Eigentlich war es meine damals noch kleine Tochter, die meine Karriere so richtig in Schwung brachte und damit auch den Grundstein für den Erfolg meines Unternehmens legte. Das war vor neunzehn Jahren. Die Firma leite ich noch immer. Ihr Umsatz ist in dieser Zeit von knapp drei Millionen Euro auf 32 Millionen Euro angewachsen, ohne Zukäufe.

Personalberatungen spielten bei unserer Firmenentwicklung nicht nur durch meine eigene Anstellung eine wesentliche Rolle.

Meine Erfahrungen mit ihnen sind teils positiv, teils negativ. Ich bin Maschinenbauingenieur und verbrachte meine ersten Lebens- und Berufsjahre in Südafrika, bevor ich nach Aufenthalten in Deutschland und Asien dauerhaft nach Argentinien umsiedelte.

Damals in Südafrika hatte ich ein Stipendium eines hiesigen Großkonzerns in der petrochemischen Industrie erhalten, wurde aber von einem Waffenhersteller aus meinem Vertrag ausgelöst. Diese Industrie ist zu Recht umstritten, aber technisch gesehen war diese Gelegenheit für mich als Jungingenieur sehr wertvoll. Denn hier spielt die reine Funktionalität in Forschung und Entwicklung die Hauptrolle – Ingenieurswesen pur. Es gab absolut kein Einmischen unter administrativen oder finanziellen Aspekten. Wir durften funktionelle und hochqualitative Produkte entwickeln, ohne uns über Ästhetik oder Kostenfragen den Kopf zerbrechen zu müssen. Benchmarking war eine weitere wichtige Aufgabe unserer Forschungsabteilung. Unsere Geräte waren damals denen der amerikanischen Waffenhersteller in Sachen Reichweite und Lebensdauer weit voraus.

Einen Nachteil hatte ich in dem staatlichen Unternehmen: Meine Aufstiegsmöglichkeiten als Deutscher waren begrenzt. Als ich über eine Stellenanzeige in einer Fachzeitschrift das Angebot einer deutschen Firma in der antriebstechnischen Industrie erhielt, griff ich daher zu. Zur Einarbeitung schickte man mich und einen ehemaligen Uni-Kommilitonen achtzehn Monate nach Deutschland. Der Kollege gleichen Alters war ein überaus begabter Theoretiker, aber drückte man ihm einen Schraubenzieher in die Hand, schien es, als würde er zum ersten Mal ein Werkzeug anfassen. Er entschied sich, in Deutschland zu bleiben, und ich wurde nach Asien versetzt. Dort setzte man mich für Großprojekte ein. Es ereilte uns eine Krise nach der anderen. Beim Angebotsprozess hatte man übersehen, die lokalen Bedingungen einzukalkulieren. Der Monsun und vor allem unsere damals noch unausgereifte Technologie machten uns täglich Kopfzerbrechen. Der Charakter unserer Pionierarbeit wandelte sich schnell vom glamourösen »Cutting Edge« zum »Bleeding Edge«. Und wir bluteten wirklich, zahlten hohe Vertragsstrafen aufgrund der unvorhergesehenen Verzögerungen und Rückschläge. Auch bedingt durch den Irakkrieg, der damals die Schifffahrtsrouten blockierte, weshalb wir unsere beträchtlichen Tonnen von Ausrüstung einfliegen mussten. Von unvorhersehbaren Kosten fast erdrückt, brachten wir trotzdem den Auftrag irgendwie über die Runden. Nach seinem Abschluss siedelte ich mit meiner Familie auf Wunsch meiner argentinischen Frau nach Südamerika um. Dort trat ich eine Einstiegstelle an, wieder durch ein Inserat. Nach diesem exotischen Auslandseinsatz sehnte ich mich nach westlicher Zivilisation und einem geregelteren Arbeitsablauf, aber ich merkte im Laufe des ersten Jahres, dass das neue Unternehmen zwar Geld wie Heu scheffelte, aber hinsichtlich der qualitativen Bedingungen meinen deutschen Prinzipien eher nicht entsprach.

Inzwischen hatte ich meine Spanischkenntnisse vervollkommnet und meine Kinder wurden in Buenos Aires eingeschult. Meine Tochter freundete sich mit der Tochter eines im Ingenieurswesen bekannten Headhunters an. Bei einem Besuch bei der Familie fragte man meine Tochter, was denn ihre Eltern beruflich machten. Susanne berichtete eifrig über unsere Zeit in Asien und meinen Einsatz für einen deutschen Giganten im Ingenieurswesen. Ein paar Tage später rief mich der Vater von Susannes neuer Freundin Isabella an.

Aufmerksam hörte ich zu, als er mir von einem Absprung in letzter Minute erzählte. Der vorgeschlagene Spitzenkandidat hatte im Endstadium einen Rückzieher gemacht und die

Kundenfirma suchte händeringend einen Geschäftsführer. Meine Deutschkenntnisse und meine Erfahrungen mit Groß- projekten machten mich interessant für die damals ziemlich marode Niederlassung dieses österreichischen Konzerns. Geringes Umsatzvolumen und Riesenverluste stellten die Ge- sellschafter vor eine kritische Entscheidung: Wenn nicht sofort ein Retter gefunden wurde, war es vorbei mit dem Investment in Argentinien. Retter! Das gefiel meinem Ego, aber ich bin ein absolut klar denkender Realist. Viel zu viele unbequeme Fragen stellte ich dem Berater, der schließlich vorschlug, ein Frühstücksinterview in der Firma zu organisieren. Trotz der schweren finanziellen Niederlagen in unserem Land verfügte dieses Unternehmen über einen auf privaten Weinkeller ge- trimmten Speiseraum, der einem Fünfsternelokal glich. An Essen war kaum zu denken, der Chef aus Österreich war an- wesend und ich von der Behandlung als VIP aufgewühlt. Aber es gefiel mir, denn das war damals wie heute recht ungewöhnlich. Sie ließen sich etwas einfallen, um mich an Bord zu bekommen.

Danach blieb ich trotzdem misstrauisch, ließ mich aber zu einem Besuch im österreichischen Mutterhaus einladen. Es lag mir weiß Gott nicht an einem Freiflug, vielmehr weckte die Herausforderung meinen Kampfgeist. Ich dachte ernsthaft über das Angebot nach, aber meine Skepsis und die Tatsachen ließen sich nicht negieren. Karrieren sind zerbrechlich und das Risiko zu scheitern war hoch. Im Firmensitz in Wien gab es wieder so einen firmeninternen Weinkeller, dort sogar komplett mit Butler und feinsten Havanna-Zigarren. Aber am Ende war es der oberste Boss, der mich überzeugte. Er war ein ungewöhnlich integerer Mensch, der sich durch nichts aus der Ruhe bringen ließ. Auch die Probleme in Argentinien betrachtete und dis- kutierte er mit Vernunft und Bedacht. Einmal hielt er mitten im Gespräch inne, sah mir direkt in die Augen, deutete mit dem Zeigefinger auf sein eigenes Gesicht und fragte gerade-heraus, mit unnachahmlichem Wiener Dialekt, aber gänzlich ohne Schmäh: »Kannst du mit diesem Gesicht arbeiten?« Er fragte das wirklich, und ja, er duzte mich dafür kurz. Das war's dann. Meine Zusage resultierte lediglich aus diesem einen Satz. So viel Vertrauen fasste ich, dass es einfach kein Zurück mehr gab. Und solange dieser Mann das Unternehmen leitete, habe ich meine Entscheidung nie bereut. Leider trat er irgendwann in den Ruhestand und was die Firma über die Jahre an finanziellem Zuwachs und Weltruhm gewann, verlor sie nach seinem Aus-scheiden an Herz. Aber ich lernte eine wichtige Einstellungs-lektion. Die besten Kandidaten sichert man sich zwar auch durch Fakten, aber wichtiger ist, dass man an Menschlichkeit, innere Motivation und Bauchgefühl appelliert.

Ich trat die Stelle an und wenn es anfangs hie und da nicht gleich glattging, beruhigte mich mein Chef mit den Worten: »Bevor man ernten kann, muss man erst mal säen.« So viel Ver-trauen kann man doch gar nicht enttäuschen. Ein sehr, sehr cleverer Geschäftsmann und Menschenkenner.

Vor allem in den ersten Jahren genoss ich auch die geschliffene Firmenkultur, den Stil, die Luxusreisen. Alles an diesem Unter-nehmen hatte Klasse. Das war für mich als Ingenieur neu. Gern tauschte ich Ingenieurskittel und Helm gegen feine An-züge. Zudem hatte ich volle Entscheidungsfreiheit und solange die Zahlen stimmten, ließ man mich nach eigenem Ermessen schalten und walten.

Der Headhunter, der mich in diesem Unternehmen unter-brachte, hat sich inzwischen beruflich verändert, aber wir sehen uns manchmal und tauschen Erinnerungen aus. Die Zu-sammenarbeit mit ihm war meine erste und beste Erfahrung mit einer Personalberatung. Und von da an ging es mit meinem Bild von dieser Branche bergab.

Vielleicht lieferte die private Verbindung über unsere Kinder ein Trugbild, aber gerade diese persönliche Beziehung war es ja, die wesentlich dazu beitrug, mein Vertrauen zu gewinnen und mich zu vermitteln. Das vermisse ich heute. Wenige Personalberatungen geben sich Mühe, niemand kümmert sich persönlich, kaum eine Agentur schickt einen Berater zu einem persönlichen Kennenlernen in die Kundenfirma vorbei. Schlägt man es nicht vor, wird es anscheinend gar nicht erwogen. Es scheint mir oft, als ob Lebensläufe aus dem Internet heruntergeladen, aufbereitet und präsentiert werden, ohne dass überhaupt ein Interview stattgefunden hat. Man wird mit Lebensläufen von der Stange bombardiert, die nicht im Geringsten an das Anforderungsprofil auch nur *erinnern*. Trotzdem haben wir sehr viele Arbeitnehmer über Beratungen eingestellt. Und genauso viele wieder verloren.

Nach kurzen Episoden erfolgreicher Einstellungen durch den Inhaber einer kleinen Beratung gewann ich wieder Hoffnung. Die sich bald darauf zerschlug. Zunächst empfand ich ihn als professionell und menschlich zugänglich; er nahm unsere Anforderungen ernst. Bei dem Problem, das sich dann auftat, ging es wieder einmal um die nächste Generation. Diesem Berater, einem durchaus sympathischen älteren Exzentriker, war es trotz seiner beachtlichen Verbindungen nicht gelungen, seinen zwanzigjährigen Sohn beruflich unterzubringen, und er fragte diesbezüglich auch bei uns an. Ich glaubte schon immer daran, junge Talente zu fördern, und scheue mich nie davor, einem Quereinsteiger eine Chance zu geben. Ein frischer Wind kann nie schaden. Allerdings war diese Einstellung ein Fehlgriff. Der junge Mann erwies sich als vollkommen untauglich und musste entlassen werden. Kurz darauf flatterte eine Vorladung vom Arbeitsgericht ins Haus, weil wir irgendein Prozedere nicht exakt eingehalten hatten. Aber richtig sauer wurde ich erst, als ich realisierte, wie sehr der Vater hinter dieser Aktion stand. Ich hatte ihm helfen wollen und er ließ mich ins offene Messer rennen. Selbstverständlich war das das Ende unserer Geschäftsbeziehung.

Wir sind eigentlich permanent unterbesetzt und haben mit vielen Rekrutierungsversuchen experimentiert. Inserate sind teuer, zeitaufwendig und wenig ergiebig. Ich liege ständig nach Talenten auf der Lauer, selbst gute Kellner in Restaurants bleiben nicht von meinen Angriffen verschont. Wir lernen gern an, wir sind sehr spezialisiert und brauchen ja nicht nur Ingenieure in unserer Firma. Allerdings hüte ich mich davor, Arbeitnehmer von Kundenfirmen oder Lieferanten anzusprechen.

Bei der Beauftragung von Search-Firmen fällt mir immer öfter auf, dass die Inkompetenz proportional zur Anzahl der Headhunter auf dem Markt zunimmt. Sie kümmern sich wenig um die Beziehung zu uns, verstehen unser Geschäft nicht und ihr enormer Erfolgsdruck steht ihnen ins Gesicht geschrieben – mit der Konsequenz, dass überall, wo man hinsieht, kompromittiert wird. Einer solchen erfolgshungrigen Beratung blieb ich trotz mehrerer Enttäuschungen jahrelang treu. Umso erstaunter war ich, als mir bei der nächsten Auftragsvergabe verkündet wurde, man arbeite nicht mehr mit meiner Organisation. Wir seien als Kunde zu »schwierig«, ließ mich die Abteilungsleiterin unverfroren wissen. Nach drei geplatzten Vermittlungen war sie verärgert, weil ich selbstverständlich die jeweilige Kulanzregelung geltend machte. Es läge nicht an den Kandidaten, sondern an meinem Führungsstil, lautete der Einwand. Ich ärgerte mich meinerseits über den Hinweis auf das Kleingedruckte, lieber hätte ich den Fokus auf die Beziehung gerichtet. Doch ich fand mich schnell damit ab. Agenturen gibt es wie Sand am Meer, dann wird die Stelle eben anderweitig besetzt, war meine Reaktion. Und der Geschäftsmann in mir zeigte sogar Verständnis.

Es ist klar, dass man nicht immer wieder eine Leistung bringen kann, ohne dafür vergütet zu werden. Davon, dass es uns allen so geht, wenn wir keinen guten Job machen, sehen wir mal kurz ab. Denn dass Berater mit Menschen und deren Emotionen konfrontiert werden, macht ihren Job sicher schwerer, als wenn sie ein Produkt aus Blech bearbeiten würden. Diese Agentur betrieb offensichtlich einen bemerkenswerten Aufwand, ihre Kandidaten sehr gut auf das Vorstellungsgespräch vorzubereiten. Wenn die Übereinstimmung des Profils besser gewesen wäre, hätte diese Vorgehensweise erfolgreich sein können, in unserem Fall erwies sie sich aber leider eher hinderlich. Daran änderte auch die tolle Energie der charismatischen Beraterin nichts. Mit ihrem bewundernswertem Verkaufs- und Überzeugungsgeschick hätte sie wohl selbst einen Pazifik-Surfer aus Hawaii, der in seinem Leben noch kein Büro von innen gesehen hat, als Buchhalter verkleiden und erfolgreich vermarkten können. Hübsch war sie auch, wie alle ihre Kolleginnen. Bei Besuchen in dieser Beratung fand man sich einer regelrechten Schwadron von hübschen, jungen Argentinierinnen gegenüber, deren Charme man als gesunder Mann wirklich nicht viel entgegenzusetzen hatte. Ich sage damit nicht, man habe mit weiblicher Grazie kokettiert, gar nicht, alle Mitarbeiterinnen verhielten sich stets korrekt und professionell und waren auch entsprechend gekleidet. Aber natürlich arbeitet man lieber mit einer hübschen jungen Frau als mit einer Schrulle. Als ich das Thema einmal zur Sprache brachte, wurde ein Auswahlverfahren auf der Basis des Aussehens nachdrücklich abgestritten. Man wäre sich dessen gar nicht bewusst gewesen, bis ich es ansprach, setzte man eilig hinzu. Würde ich wieder mit dieser Beratung arbeiten? Ja, wenn sie mir endlich gute Kandidaten liefern könnte.

Aber auch sonst hatten wir Pech. Dutzende von Beratern sind schon durch unsere Büroräume gelatscht, wenn sie sich überhaupt dazu bequemten, der Einladung Folge zu leisten. Viele halten lediglich telefonischen Kontakt und das auch nur dann, wenn sie jemanden verkaufen wollen. Nicht wenige Agenturen machen auf und schließen bald wieder. Die besagte Beratung mit den vermeintlichen Fotomodellen schlägt sich weiterhin wacker durch, aber auch ihr Ende ist vorbestimmt, sollte sie nicht zu den Werten zurückfinden, die ich ursprünglich an ihr so schätzte. Ich glaube, die Welt hat sich verändert, und auch für Firmen beginnen und enden Lebensabschnitte. Ich habe dieses Unternehmen jahrelang mit großer Achtung weiterempfohlen, auch noch, als es anfing, hie und da nicht mehr zu klappen. Heute halte ich mich eigentlich mit allen namentlichen Empfehlungen zurück. Der Trend ist so negativ, dass man manchmal ungern zugibt, man beauftrage Beratungen mit der Personalbeschaffung.

Aber die Schuld an dem Versagen soll nicht alleine den Personalberatern zugeschoben werden. Ich glaube, der Markt liefert einfach nicht mehr gute Kandidaten. Vielleicht haben auch wir Kunden uns verändert. Die Globalisierung und die Weltwirtschaftslage zwingen uns, den Anspruch zu erhöhen, und was es nicht gibt, kann auch nicht vermittelt werden. Ich kann das durchaus nachvollziehen.

Schön wäre es, wenn wir die Zeit hätten, uns durch professionelle Netzwerke zu arbeiten. Ich denke, das machen auf oberflächliche Weise auch die meisten Agenturen: Sie bieten Kandidaten aus dem Internet an. Aber so einfach darf man es sich bei uns nicht machen. Unsere Firma ist international so sehr gewachsen, dass immer mehr Entscheidungen nur noch von den Finanzleuten getroffen werden. Teilweise stehen sie mittlerweile über dem Geschäftsführer. Strategie, Kundenverständnis und Marktprodukt geraten in den Hintergrund. Zahlen boxen sich nach vorne. Das macht sich auch bei der Personalsuche be-

merkbar. Als ich wieder einmal auf der Suche nach einer »eier-
legenden Wollmilchsau« war, wurde mir vorgeschrieben, ich
solle ausschließlich mithilfe einer bestimmten Executive-Search-
Firma diese gehobene Stelle besetzen. Geld spielte auf einmal
keine Rolle mehr. Die Götter im Olymp unseres Wiener Haupt-
quartiers hatten einen langjährigen, bindenden internationalen
Vertrag mit dieser Beratungsfirma abgeschlossen, und damit
basta. Mein Einwand, dass ich bereits Beziehungen zu lokalen
Headhuntern pflege, blieb ungehört. Zwei Search Consultants in
Nobelanzügen kamen daraufhin zu uns ins Büro und erörterten
die Lage aus ihrer Sicht. Bevor die Suche beginnen könne, benötige man eine Vorauszahlung von 50.000 Euro, forderten sie.
Ich lehnte das ab, aber meine verzweifelten Erklärungsversuche
interessierten in Wien niemanden. Es wurde bezahlt. Vermittelt
wurde auch. Ein Wirtschaftsprüfer der Generation Y[9] wurde zu
unserem neuen CFO, mit direkter Berichterstattung nach Wien,
nicht an mich. Der junge Aufsteiger machte seine Sache relativ
gut – neun Monate lang. Dann wurde immer offensichtlicher,
dass er von der Praxis eines Geschäfts absolut keine Ahnung
hatte. Standardfloskeln bezüglich Paragraph 2, Absatz 15 konnte
er aus dem Stegreif rezitieren, aber von den Bedingungen im
Feld wusste er augenscheinlich nicht einmal, dass Kunden und
Produkte existieren. Als vollkommen weltfremder Theoretiker
zwang er uns förmlich in die Knie. Erst als gar nichts mehr lief,
kündigte er nonchalant und sehr zur Freude aller Beteiligten,
denn die ständige Beschattung des betrieblichen Managements
durch die Finanzfachleute hat inzwischen in unserem Unternehmen wieder etwas abgenommen. Zu viel Energie ist in diese
Richtung geflossen, das ist allmählich allen klar.

Wieder ermächtigt, meine eigenen Einstellungsentscheidungen zu treffen, mühe ich mich also weiterhin mit mittel-
mäßigem Service ab. Aber nicht nur die Beratungen lassen zu

wünschen übrig. Auch die Kandidaten werden immer frecher. Da gibt es zum Beispiel solche, die traditionell im Anzug und Krawatte höflich Platz nehmen, ihre Unterlagenmappe überreichen und ihren Ausdruck von unserer Website und einen Notizblock vorliegen haben. Aber die meisten erscheinen leger gekleidet, ohne Schlips sowieso, pflanzen sich respektlos hin und stellen Forderungen – und das in unserer noch relativ konservativen südamerikanischen Kultur. Weit und breit ist weder Stift noch Papier zu sehen und von einer Website haben sie definitiv noch nie etwas gehört, jedenfalls nicht von unserer. Über fünfzig Prozent haben sich im Vorfeld nicht über unser Unternehmen informiert. Dabei erwarte ich von ihnen, dass sie mir etwas Interessantes über meine Firma erzählen und mir ihre Meinung dazu kundtun, damit ich etwas von ihnen lernen kann.

Man muss mich nicht mit Perfektion beeindrucken. Ein wenig Herz, Ehrlichkeit, Mut und Anstand würden vollkommen ausreichen, um mir einen Arbeitsvertrag zu entlocken. Zu gern würde ich endlich wieder einen überreichen können. Ich schätze meine Mitarbeiter sehr, jeder ist mir persönlich bekannt und jedem überreiche ich am Monatsende persönlich seine Lohnabrechnung. Deshalb erwarte ich ganz einfach den gleichen Respekt von Anwärtern, vor allem von denen, die mir von einer Beratung vermittelt wurden und deren Einstieg daher mit einem hohen Honorar verbunden ist.

Ich bezahle je nach Vereinbarung zwischen zwölf und zwanzig Prozent des Jahresgehalts. Mehr lasse ich mir nicht abringen. Die Garantieregelung liegt immer bei drei Monaten. Dabei ist mir kein Unterschied zwischen billigen und teuren Agenturen aufgefallen. Sie sind alle einmal gut, einmal schlecht.

Bei der Auswahl einer neuen Agentur achte ich auch nicht auf die Marke, sondern auf den Berater. Ich arbeite schließlich mit einer Person, nicht mit einem »Brand«, genau wie meine Kunden mit mir.

Meine Botschaft an Headhunter ist: Leute, zeigt Charisma! Damit könnt ihr so viel erreichen, dass es schon sträflich ist.

Ich arbeite weiterhin mit Agenturen. Ich habe es viele Jahre lang getan und werde es weiter tun, mir bleiben keine Alternativen. Manchmal wird mir ein Arbeitnehmer zugespielt oder ich stelle jemanden aus dem Bekanntenkreis ein, aber im Großen und Ganzen bin ich auf Beratungen angewiesen. Zwar habe ich meine Bedenken und meinen täglichen Ärger mit ihnen, aber mir fehlt die Zeit, mich intensiv selbst zu kümmern. Von den heutigen Beratern wünsche ich mir mehr Ehrlichkeit. Sagt doch einfach, dass ihr momentan keinen Kandidaten für mich habt, statt mir auf Teufel komm raus den Falschen anzudrehen! Die Managementteams dieser Beratungen sollten wirklich Wege erschließen, den Umsatzdruck zu senken, damit der Qualitätsanspruch wiederhergestellt wird. Aber das ist sicher leichter gesagt als getan. Auf der anderen Seite: Ihr seid Headhunter! Wenn ihr die richtigen Leute für euer eigenes Unternehmen findet, senken sich auch eure Kosten. Die Trickserei jedenfalls wird langsam anstrengend.

Arbeitgebern empfehle ich trotzdem, es einmal zu versuchen, allerdings sollte das Unternehmen vorher gründlich auf seine Werte und Erfolge geprüft werden.

Von den sogenannten Talentcentern größerer Konzerne halte ich wenig. Das hat bei uns nicht hingehauen – mit einer Ausnahme, die nicht lange währte und an eine bestimmte Persönlichkeit gebunden war. Einer der Leiter des Talentcenters war bei uns in Südamerika ansässig und auch lateinamerikanischer Abstammung. In Österreich verstand man ihn kaum, so schlecht war sein Englisch. Seine Aufgabe war es eigentlich, sich um Einstellungsfehler zu kümmern, also in regelmäßigen Kampagnen die Entlassungen unfähiger Südamerikaner zu bewirken. Das war politisch korrekter, als es von unserem Büro in Österreich erledigen zu lassen. Aber er entpuppte sich als begnadeter Talentscout, ein Meister im Pflegen von Kontakten, jedenfalls für die Besetzung technischer Stellen. Doch auch er konnte das Konzept langfristig nicht retten. Der Entscheidungsdschungel war fast undurchdringbar, die Diskussionen um Einstellungen zu langatmig und die unflexiblen Budgetvorschriften eine Plage. Man legte die Personalbeschaffungspolitik wieder in die Hände der Zweigstellenleiter.

Ich beauftrage also weiterhin Personalberatungen mit der Besetzung meiner offenen Stellen. Gäbe es für mich eine Alternative, würde ich ihnen sehr schnell »Auf Nimmerwiedersehen!« sagen. Es sei denn, ich finde wieder eine Beratung, der ich vertrauen kann. Die könnte sich viel Geld verdienen mit meinen Besetzungen. Bisher hatte ich noch nicht das Vergnügen, aber vielleicht wird es ja noch was – irgendwann, irgendwie. Das Headhunter-Temperament mit dem üblichen Hang zum Drama, von dem ich über die Jahre einiges mitbekommen habe, würde ich bis zu einem gewissen Punkt tolerieren. Aber ich wünsche mir drei Dinge als Gegenleistung: Mut zur Ehrlichkeit, Initiative, und bitte: Zeigt etwas mehr Ausstrahlung! Viel Erfolg!

Hintergrund

Thomas ist kein Mensch, der nur aus Prinzip den guten alten Zeiten nachweint. Was er berichtet, hört man immer wieder. Für Headhunter liegt das Geld auf der Straße. Sie müssen sich aber bücken. Damit behaupte ich nicht, dass wir Personalberater faul sind. Sondern ich meine, dass wir uns auf das Wesentliche konzentrieren müssen: die zwischenmenschlichen Beziehungen. Der Erfolg in dieser Branche ist jedem sicher, der das kapiert.

Es ist interessant, dass Thomas auch den Mangel an Fach-kräften in der Beratungsindustrie selbst anspricht, denn tat-sächlich fließen Unmengen von Summen in den Ausgleich von Einstellungsfehlern. Im Headhunting spielt der Mensch die zentrale Rolle. Der Kandidat und der Kunde sowieso, aber auch der Berater. Ohne ihn passiert nichts. Jeffrey J. Fox[10] sagte einmal so etwas wie: »Nichts passiert in einem Unternehmen, bis irgendjemand irgendwem irgendwas verkauft.« Für unsere Branche könnte man das abwandeln: »Nichts passiert in einer Personalberatung, bis irgendeiner irgendwen anruft und irgend-jemanden anbietet.«

16

DIE CHEMIE

»Wir drücken Max die Daumen. Juhu!«

Annette Kinnear, 50,
Personalberaterin

»Die Chemie hat nicht gestimmt«, klagen Kunden und Kandidaten oft nach Vorstellungsgesprächen. Ist das der Fall, wird es nie zu einer Einstellung kommen. Aber nach meiner Erfahrung ist »gute Chemie« im Rekrutierungsverfahren kein Mysterium, sie lässt sich überraschend einfach erzeugen – im Labor des guten Tons. Das konnte ich vor vielen Jahren erstmals beobachten. Der Geschäftsführer eines deutschen Hydraulikunternehmens war ein Mann mit bewiesenem Geschick für Einstellungsentscheidungen. Dabei achtete er im Wesentlichen auf die Umgangsformen des Kandidaten gegenüber scheinbar unbedeutenden Personen. Er legte zum Beispiel sein Augenmerk darauf, wie sich der Kandidat beim Betreten der Büroräume benahm, wenn noch kein Manager zugegen war. Seine Informanten gehörten meist zum Empfangspersonal. Das hatte er mir schon einmal verraten – und dass er damit immer richtig gelegen habe.

An diesem Tag fanden die Vorstellungsgespräche nicht in seinen Geschäftsräumen statt, sondern in unserer Personalberatung. Er suchte einen neuen Verkaufsleiter und da es sich dabei um eine streng vertrauliche Einstellung handelte, hatte er beschlossen, die ersten Gespräche außerhalb der eigenen Firma zu führen. Der erste von vier Kandidaten fand sich an diesem Tag also an unserer Rezeption ein. Ich schlug fast die Hände über dem Kopf zusammen, als ich ihn sah. Er war für diese vom Image abhängige Position unpassend gekleidet, in einem Anzug, der aussah, als hätte er ihn irgendwann bei einer Altkleidersammlung ergattert. Ich hatte Max nur einmal vorher getroffen; damals war mir nichts Ungewöhnliches an ihm aufgefallen. An diesem Tag jedoch trug er jenen schon leicht abgetragenen Anzug in einer undefinierbaren Farbe, einer Art Mischung aus Vollmilchschokolade und Getreidefeld. Enttäuscht führte ich ihn ins Besprechungszimmer, ließ mir aber nichts anmerken, um sein Selbstvertrauen nicht zu untergraben. Die Gelegenheit zur gründlichen Interviewvorbereitung hatte ich offensichtlich verpasst, jetzt war es sowieso zu spät. Nachdem alle vier Interviews abgeschlossen und alle Kandidaten verabschiedet worden waren, erklärte mir der Arbeitgeber, er sei sich zwischen zwei Kandidaten unschlüssig, die anderen zwei würden ausscheiden. Ich ratterte die technischen Einzelheiten der beiden Bewerbungen noch einmal herunter, aber er wurde immer nachdenklicher und hörte mir gar nicht zu. Schließlich schlenderte mein Kunde, seine letzte Tasse Kaffee des Nachmittages in der Hand, zur Rezeption und erkundigte sich bei den Empfangsmitarbeiterinnen, wer ihnen am sympathischsten sei. Eine der Frauen ballte spontan die Fäuste und hob ihre Arme in einer energischen Schüttelbewegung. Die andere lachte herzlich.

»Wir drücken Max die Daumen«, riefen sie fast synchron, und »Juhu!«. Max wurde als Einziger in die Firma eingeladen, bekam die Stelle, wurde nach Deutschland zur Schulung geschickt und ist immer noch in diesem Unternehmen tätig. Nach mehrmaliger Beförderung leitet er inzwischen einen eigenständigen Produktzweig als Geschäftsführer.

Als ich den Kunden damals fragte, weshalb ihm das als Antwort reichte und warum er nicht intensiver nachforschte, was meine Kolleginnen von dem anderen Bewerber hielten, antwortete er mir nur, das sei nicht nötig gewesen. Ein Verkaufsleiter müsse in der Lage sein, mit jedem Menschen eine Verbindung aufzubauen. »Max hat eine ›chemische Verbindungskette‹ ausgelöst«, erklärte er mir, »der andere nicht.«

»Ein Alchemist?«, fragte ich lachend.

»Ja, genau«, bestätigte mein Kunde ernst.

»Ich habe mir Sorgen wegen seiner Kleidung gemacht«, gestand ich, »er sah so ›ländlich‹ aus.«

»Ja, seine Aufmachung war nicht sehr geschliffen, aber es geht nicht um das Auftreten als solches. Jeder Mensch kann sich bei einem Vorstellungsgespräch den Erwartungen entsprechend verkleiden oder so reden. Das hier geht viel tiefer. Ich bin mir sicher, Max ist unser Mann. Herz und Menschenkenntnis sind bei meinem Firmenimage wichtiger als die Wahl eines Anzugs. Ich habe gespürt, dass er der Richtige ist, Ihre Kolleginnen gaben mir nur die letzte Bestätigung, die ich brauchte.«

»Werden Sie ihm nahelegen, sich anders anzuziehen, wenn er zum Kunden geht?«

»Nein. Er ist klug genug, sich von selbst anzupassen. Und falls nicht: Max ist Max, und solange er bleibt, wie er ist, wird er Erfolg haben.«

Viele Jahre später erfuhr ich am eigenen Leibe, was mein Kunde mit »tiefer gehen« meinte. Ich erlebte, dass man tatsächlich durch die eigene innere Einstellung gute Chemie erzeugen und das gewünschte Resultat herbeiführen kann – ohne viele Worte.

Ein Automobilhersteller wandte sich an unsere Beratung mit der Aussicht auf ein riesiges Rekrutierungsprojekt. Aufgrund der Größe des Auftrags – er ging in die Millionen[11] –, zog ich den Key Accounts Manager einer Schwesterfirma hinzu, der uns bei der Akquise helfen sollte. Die Berater der Firma sollten uns dann auch bei der Durchführung behilflich sein, denn es ging um die Besetzung mehrerer Dutzend technischer Stellen für eine nagelneue, hochmoderne Fertigungsanlage. Da das Projekt sehr kostspielig sein würde – nicht nur für den Kunden, sondern auch für uns –, war es sehr wichtig, ein für beide Parteien faires Honorar auszuhandeln. Denn wir mussten viele Berater abstellen, um den Auftrag erfüllen und den hohen Standard gewährleisten zu können, und trotzdem galt es, ein für die Kundenfirma wirtschaftliches Angebot zu unterbreiten. Einige Vorgespräche mit der technischen Leitung hatten schon stattgefunden und sie war uns absolut wohlgesinnt. Ich hatte schon immer einen guten Draht zu Ingenieuren, hier war es nicht anders. Fertigungsleiter, Entwicklungsleiter, Qualitätsleiter – alle fraßen uns regelrecht aus der Hand. Auch mit der Personalleiterin waren wir uns einig geworden. In dem Glauben, wir hätten den Zuschlag, flog ich mit meinem Kollegen ein letztes Mal in die Provinz zum Firmensitz des Kundenunternehmens, um den Vertrag zu unterzeichnen. So war der Plan.

Wir nahmen im Besprechungsraum Platz wie schon einige Male vorher, aber diesmal herrschte dort eine frostige Atmosphäre. Die Kälte fiel mir sofort auf und ich konnte sie nicht gleich einordnen, sie verwirrte und verunsicherte mich aber sehr. Die meisten Teilnehmer waren schon anwesend, andere fanden sich noch ein. Und es war eine neue Person im

Raum, die mein Kollege und ich noch nicht kannten. Sie wurde uns als die Firmenanwältin vorgestellt. Ich nenne sie hier Alison.

Bald wurde klar, dass die Kälte im Raum aus ihrer Richtung kam. Schon bevor sie etwas sagte, versprühte sie bereits beachtliche Dosen von Argwohn und Feindseligkeit. Deren Ursprung war mir unbegreiflich, bis zu diesem Tage war ja alles gut gelaufen. Ich fand es schwer, mich mit dieser Überraschung zurechtzufinden, ich war wirklich nicht darauf eingestellt, von Neuem verhandeln zu müssen. Bald ergriff sie auch das Wort und gab öffentlich bekannt, dass unsere Konditionen absolut inakzeptabel seien. Angesteckt von ihrem Misstrauen, meldete sich mein Ego zu Wort und ich fing an, ihr Verhalten persönlich zu nehmen. Immer mehr versuchte sie, meine Integrität in Frage zu stellen, das bildete ich mir in diesem Stadium jedenfalls ein. Mit zunehmender Hilflosigkeit wuchs auch mein Zorn, denn sie wirkte sehr, sehr aggressiv in ihrer Art und ich empfand sie als ungerecht und unhöflich. Ich wurde unsicher, auch meinem Kollegen von der Schwesterfirma gegenüber, den es ja ebenfalls zu »beeindrucken« galt. Das führte uns alle in eine Abwärtsspirale, die eigentlich gar nicht mehr aufzuhalten war. Das gesamte Meeting fiel in sich zusammen wie ein missglücktes Soufflé. Systematisch nahm Alison den ganzen Vertrag auseinander, jeden einzelnen Punkt: Das Honorar sei zu hoch, die Anzahlung zu riskant, die Kulanzgarantie zu kurz, der Zahlungsmodus zu streng und jede einzelne Vertragsklausel des Kleingedruckten absolut unannehmbar. Mit der Aussage, der Vertrag sei viel zu einseitig und werde niemals ihre Zustimmung finden, beendete sie ihr Plädoyer und legte demonstrativ ihren Stift nieder. Ich stimmte ihr absolut nicht zu. Die daraus entstehende Debatte war anstrengend und führte zu nichts. Ich gab in keinem einzigen Punkt nach. Sie auch nicht. Ich fühlte mich verraten, denn ich stand ja unter dem Eindruck, wir hätten bereits eine Einigung erzielt. Und vonseiten der technischen Leiter, die ich als meine Verbündeten betrachtete, kam kein Kommentar. Stumm beobachteten sie das leidige Hin und Her. Mein Kollege versuchte zu schlichten, bot aber auch keine echte Lösung an. Unwirscher als beabsichtigt fuhr ich ihn an, er möge das mir überlassen, ich müsse schließlich irgendwann die Kandidaten aus dem Ärmel schütteln, er sei ja nur für die Kundenakquise zuständig. In meiner Rebellion sandte ich Alison hässliche, unausgesprochene Gedanken über den Tisch: Arrogante Nudel, was bildet die sich ein? Hält sich für so schlau? Gleich schmeiße ich den Vertrag hin, dann könnt ihr alle sehen, wo ihr eure Techniker herbekommt. Viel Glück damit! Ich war drauf und dran, mich zu verabschieden, denn ihre Forderungen waren nicht erfüllbar. Sie schien nicht zu verstehen, dass es uns unmöglich war, die benötigten Ressourcen für dieses Projekt freizusetzen, wenn wir den geforderten Standard der Vermittlungen halten wollten. Ich war verzweifelt, denn wir hatten bereits so viel Zeit und Geld investiert: die Präsentationen, die Flüge, die Verträge, die Durchführbarkeitsrecherchen. Und nun, in wenigen Minuten, würde alles platzen und wir alle würden den Raum verlassen und uns schrecklich fühlen. Ich sah mich als Versagerin und in meiner Verzweiflung dachte ich: »Gütiger Gott, ich weiß nicht, was ich noch tun kann. Hilfe!« Dann geschah ein Wunder. Was ich hier schildere, ist absolut wahr, auch wenn es sich merkwürdig lesen mag. Genauso hat es sich zugetragen.

Ich blickte hilflos ein letztes Mal in ihre Richtung (sie saß mir diagonal gegenüber – übrigens auch keine gute Position für eine Verhandlung). Von Alison kam keine Veränderung, aber in mir spielte sich auf einmal etwas Unerklärliches ab. Während ich sie also ansah, gerade im Begriff, meine Sachen zusammenzupacken, dachte ich plötzlich: »Sie sind doch eigentlich eine tolle Anwältin. Wenn ich einen Rechtsbeistand hier am Tisch sitzen hätte, würde ich mir genau das von ihm wünschen. Das ist kein leichter Job, und Sie machen ihn sehr gut, das muss man schon sagen. Ich muss zugeben, irgendwie muss man Sie respektieren.« – Das ging mir durch den Kopf, aber ich sprach meine Gedanken nicht laut aus und das alles spielte sich ja auch blitzschnell ab.

Im nächsten Moment, ohne dass ich ein einziges Wort gesagt hätte, gab Alison in einem Punkt nach und dann in einem weiteren. Der gordische Knoten wurde durchtrennt. Wir gingen nochmals Punkt für Punkt alle Posten durch, ich rechtfertigte jeden davon abermals mit exakt denselben Argumenten. Sie gab in jedem Punkt nach. Wir schlossen keinen Kompromiss, sondern sie akzeptierte bedingungslos alles, was sie vorher so heftig angefochten hatte.

Der Vertrag konnte an diesem Tag doch nicht unterzeichnet werden, denn Alison bestand darauf, den Wortlaut noch einmal zu überarbeiten. Aber in den nächsten Tagen standen wir in engem telefonischen und E-Mail-Kontakt. Immer war sie freundlich, hilfsbereit, professionell und effizient. Schließlich rief sie mich an, um mir mitzuteilen, dass sie den Vertrag zusammen mit einer Kopie der ersten Zahlungsüberweisung durchfaxen werde. Sie bat uns, sofort mit der Suche zu beginnen, damit wir nicht noch mehr Zeit verlieren würden. Ihre letzten Worte waren: »Ich möchte, dass Sie wissen, dass XYZ Automotive Manufacturing noch niemals einen solchen Vertrag mit einer Personalberatung unterschrieben hat. Aber wir glauben fest, Sie werden uns die besten Leute beschaffen. Viel Erfolg mit dem Projekt.«

Kurz darauf ratterte das Fax durch die Maschine. Noch skeptisch, stürzte ich mich auf das Dokument und ging Punkt für Punkt den zweiunddreißigseitigen (!) Vertrag durch. Alles war wie abgesprochen und jede Seite trug einen Stempel: XYZ Automotive Manufacturing – Rechtsabteilung.

Danach hatte ich nie wieder Kontakt mit Alison.

In dieser Situation hatte die Chemie nicht gestimmt, das kann niemand bestreiten – bis ich meine eigene Einstellung änderte. Von diesem Tag an hatte ich *nie* wieder »schlechte Chemie«, außer wenn mich jemand zu einem Kunden begleitete und wir uns untereinander nicht ganz einig waren, wie wir vorgehen sollten. Jede Besprechung gehe ich mit gutem Willen und einer positiven Einstellung an und verhalte mich auch Überraschungs-teilnehmern oder unerwarteten Entwicklungen gegenüber un-voreingenommen und offen. Ich schalte jegliches Misstrauen buchstäblich aus. Hinterher bleibt immer noch Zeit, alles abzu-wägen und zu entscheiden, ob man mit diesem Unternehmen arbeiten sollte oder diesen Kandidaten vertreten möchte.

Hintergrund

1. Viele Headhunter hören, dass ein Kandidat zum Empfangs-personal unfreundlich war. Manchmal mag man es fast nicht glauben, weil der Kandidat sich so höflich benimmt, wenn er dem Entscheider gegenübertritt. Aber jeder Personalberater mit etwas Erfahrung wird solchen Kommentaren Beachtung schenken und sie in sein Gesamtbild von dem Kandidaten aufnehmen. Wenn Sie sich vorstellen und ein Mitarbeiter der Personalberatung oder des potenziellen Arbeitgebers sich nicht korrekt benimmt, reklamieren Sie das ruhig. Man muss sich keineswegs alles gefallen lassen. Aber bleiben Sie immer besonnen und höflich. Zu viel steht auf dem Spiel und niemand möchte die Aussicht auf seine zukünftige Arbeitsstelle von so einem unglücklichen Zusammentreffen abhängig machen. Es wird gemunkelt, dass manche Headhunter Kandidaten absicht-

lich Fallen stellen, um ihre Reaktionen außerhalb der Interview-situation im »wirklichen Leben« zu testen. Dazu gehört auch das berüchtigte »Stuhlexperiment«. Der Kandidat nimmt auf einem wackligen Stuhl Platz, der absichtlich manipuliert wurde, um ihn in Verlegenheit zu bringen und zu sehen, wie er mit der Situation umgeht. Das ist extrem und hinterlistig, aber das Prinzip leuchtet ein. Interviews sind keine Kaffeekränzchen, sie testen unsere Fähigkeiten. Auch im Labor testet man, indem man Lebewesen Stress aussetzt oder auf Gegenstände Druck ausübt. Nehmen Sie es nicht persönlich, wenn Ihnen so etwas widerfährt.

2. Menschen haben eine unglaubliche Fähigkeit, sich mit gutem Willen und Respekt Vorteile zu verschaffen. Damit erreichen sie viel mehr als mit Forderungen. In den 1980er-Jahren, als das Immigrationsgeschäft noch blühte, wurde unsere Personalberatung immer wieder mit deutschen Kandidaten konfrontiert, die nach Südafrika auswandern und dort eine Stelle finden wollten. Sie nahmen fälschlicherweise an, wir seien eine staatliche Einrichtung. Da erfuhr ich als Nicht-Beamtin, am eigenen Leib wie forsch mit Mitarbeitern des öffentlichen Dienstes wohl manchmal umgegangen wird – mit dem Resultat, dass kein einziger dieser unwirschen Immigrationsanwärter von mir vertreten wurde. Sie alle blitzten ab mit ihrer Einstellung, dass man ja wohl eine Stelle vermittelt bekommen *müsse,* denn schließlich zahle man als Steuerzahler mein Gehalt. Abgesehen davon, dass das natürlich nicht stimmte, ist es einfach nur unklug und führt definitiv nicht zu guter Chemie. Personalberater ziehen immer Schlüsse daraus, ob ihnen ein Kandidat sympathisch gegenübertritt. Wem es an Umgangsformen mangelt, den werden sie nur selten auf ihre Kunden loslassen. Vermittelt werden bis auf wenige Ausnahmen Menschen, die man auch mag.

3. Besonders kompliziert wird es, wenn man von mehreren Personen zugleich interviewt wird, wie zum Beispiel bei einem Gruppeninterview. Es ist sehr wichtig, alle Teilnehmer in das Gespräch einzubeziehen. Richten Sie Ihre Antworten daher auch an die stillen Beobachter im Raum, und suchen Sie auch Augenkontakt mit jenen, die Ihnen nicht so warm gegenübertreten. Das Gleiche gilt für Teilnehmer, die Ihnen inkompetent oder unwichtig erscheinen. Denn sie sind wichtig, sie haben Ihnen eins voraus: Sie sind an der Einstellungsentscheidung beteiligt und auch sie möchten überzeugt werden. Bedenken Sie, dass die Person vielleicht abgelenkt ist oder überarbeitet und dass sie sich trotzdem die Zeit genommen hat, mit Ihnen ein Gespräch zu führen. Allein diese Gedanken stellen oft schon eine freundlichere Beziehung her, von der Sie profitieren könnten.

Interview-Chemie ist keine unerklärliche, sich selbst generierende Kraft. Sie wird definitiv von unserer eigenen mentalen und körperlichen Energie gesteuert. Oft ist uns das nicht bewusst. Wir denken, eine gute Chemie sei vorhanden oder eben nicht vorhanden. Aber nach meiner Erfahrung ist immer mindestens eine Person anwesend, die diese Verbindung aufbaut – auch, wenn es von alleine zu klappen scheint. Menschen, mit denen man sich automatisch wohlfühlt, sagt man in unserer Branche nach, sie hätten Eröffnungsgeschick, also die Gabe, eine gute Gesprächsatmosphäre aufzubauen. Komplementär dazu gibt es auch Menschen mit einem ausgesprochenen Abschlussgeschick. Dabei ist nichts Esoterisches im Spiel. Ich bin sicher, dass mein interner Dialog über Alison meine Körpersprache verändert hat oder andere subtile, aber reale Signale entsandt wurden, die die Animosität auflösten. Und ich bin mir sicher, in diesem Falle war das Signal nicht, dass ich die Verhandlungen ernsthaft abbrechen wollte. Denn diese Gedanken gingen ja meiner weicheren Einstellung voraus und erzielten nicht das richtige Resultat.

Sie können jederzeit gute Chemie erzeugen, am besten noch auf dem Weg zum Vorstellungsgespräch oder zur Gehaltsverhandlung. Denken Sie affirmativ und bemühen Sie sich bewusst um die Wahrnehmung positiver Aspekte in den Geschäftsräumen.

4. Schwer wird es auch, wenn das Interview mehrmals unterbrochen wird. Lassen Sie sich nicht irritieren, zeigen Sie Verständnis. Vielleicht ist Ihr Gegenüber eine äußerst korrekte Person, aber steckt gerade an diesem Tag in einer Krise und bekämpft irgendein Feuer. Auch wenn Sie nichts aussprechen, Ihr Ärger wird sich in Ihrer Körpersprache widerspiegeln und das zerstört die Chemie. Drehen Sie es um: Sehen Sie es als unerwartete Gelegenheit, gleich zu beweisen, wie gut Sie mit Unterbrechungen und Stress umgehen können. Wenn Sie unter diesen Umständen konzentriert und gefasst bleiben können, zeigt es, dass Sie nicht nur belastbar, sondern auch ein netter Mensch sind. Und nette Menschen empfiehlt man gern weiter und stellt sie gern ein.

Achten Sie auch darauf, dass Sie selbst den Prozess nicht zu sehr stören. Zappeln, ständiges Kratzen, einen Kuli an- und auszuknipsen, ein Stück Papier oder eine Büroklammer in den Fingern zu rollen, oft zu blinzeln, sich eingebildete Fusseln von der Hose zu streichen, sich ständig den Rock zu glätten, die Arme zu reiben, sich oft über den Bart zu fahren – all das hemmt die Entwicklung von positiver Chemie im Gesprächsverlauf. Vor allem das wiederholte Berühren von Mund, Nase und Ohren mag den Berater dazu verleiten, die wildesten Schlüsse aus Ihrem Benehmen zu ziehen. Viele Headhunter werden auf Polizeiverhör-Techniken trainiert – von echten Ex-Ermittlern. Sie achten auf Blickkontakt und auch auf die Richtung Ihrer

Augenbewegungen, wenn Sie Fragen beantworten. Solange Sie bei der Wahrheit bleiben und keine konstruierten Antworten geben, sollten Sie von ihren Interpretationen verschont bleiben.

5. Ein Chemiekiller ist der Satz: »Das können Sie alles in meinem Lebenslauf nachlesen.« Das stimmt, der Personalberater kann in der Tat Lebensläufe lesen, nur wird es wahrscheinlich danach nicht mehr der dieses Kandidaten sein, mit dem er sich beschäftigt. Das Ausfüllen von Formularen zu hinterfragen oder gar abzulehnen, ist ebenfalls kontraproduktiv. Kein Zweifel: Formulare nerven. Geschickte und erfahrene Berater werden davon absehen, aber bei Berufseinsteigern, bei firmeninternen Regelungen oder auf Kundenwunsch werden sie Ihnen manchmal nicht erspart bleiben.

Auch vor den folgenden Kommentaren und Fragen sollten Sie sich hüten:

- »Selbstverständlich, natürlich, offensichtlich.« Beantworten Sie die Fragen des Beraters nicht mit solchen Einleitungen, denn wenn es offensichtlich wäre, würde er die Frage nicht stellen. Sie werden ihn damit verärgern, auch wenn Ihr Einwand gerechtfertigt ist.

- »Wie viel können Sie mir anbieten?« Vermeiden Sie das vor allem am Anfang des Gesprächs.

- »Denken Sie nicht, dass …?«

- »Personalberatungen sind alle inkompetent.«

- »Niemand meldet sich je wieder.«

- »Jetzt muss ich schon zum dritten Termin. Treffen Sie bald eine Entscheidung?«

- »Ich war schon so oft hier, muss ich noch einen Besucherpass tragen?«

- »Ich musste mich krankmelden, um zum Interview zu kommen, ich hoffe, es lohnt sich.«

✎ »Ich habe meinem Chef gesagt, dass ich einen Behördengang
mache, damit ich heute hierherkommen konnte.«

Auch wenn Ihnen persönlich das nie in den Sinn käme: Ich
würde es nicht erwähnen, wenn es nicht so häufig passierte.
Diese Beispiele sind absolut lebensnah.

6. Ein guter Indikator dafür, ob die Chemie stimmt oder nicht,
ist die Länge des Interviews. Ein Interview mit einem Berater
dauert dreißig bis sechzig Minuten. Ein erstes Interview bei
einem Arbeitgeber dauert in der Regel sechzig Minuten. Danach
wird ein weiterer Termin festgesetzt. Wenn Sie hie und da ein
Fünfzehn-Minuten-Interview hatten, muss das nichts heißen.
Wenn Sie aber viele so kurze Interviews mit Headhuntern
haben, obwohl Sie immer wieder zu einem Gespräch eingeladen
werden, kann das bedeuten, dass Ihr Lebenslauf überzeugt, aber
nicht das persönliche Gespräch mit Ihnen. Überlegen Sie, wie
Sie die »Chemietipps« einsetzen könnten, und experimentieren
Sie damit. Damit meine ich nicht irgendwelche Mantren wie
»Heute werde ich den Headhunter überzeugen!«. Suchen Sie
nach Gründen, Ihren Interviewpartner zu *mögen*.

7. Sollten Sie krank sein oder sollte sich gerade eine Tragödie
in Ihrem Leben ereignet haben, wird es schwer, gute Chemie
aufzubauen. Vertagen Sie möglichst das Gespräch, bis es Ihnen
wieder besser geht. Das ist menschlich und dafür hat man
immer Verständnis.

8. Haben Sie bei einem Gespräch immer Ihre Bewerbungsunter-
lagen bei sich. Zu fragen, was Sie mitbringen sollen, erübrigt
sich. Bringen Sie alles mit, was Ihnen dienen könnte. Sollte auf
Seiten des Personalberaters oder Arbeitgebers ein Fehler unter-
laufen sein und man vielleicht Ihren Lebenslauf nicht zur Hand

haben, reagieren Sie nicht genervt, sondern beeindrucken Sie Ihren Gesprächspartner mit Ihrem Verständnis und helfen Sie ihm, indem Sie ihm einfach Ihre Kopie überreichen. Sollten Sie sie doch nicht dabeihaben, sagen Sie einfach: »Oh, Sie haben meinen Lebenslauf gerade nicht zur Hand? Das ist kein Problem, darf ich Ihnen das kurz mündlich wiedergeben?« Tragen Sie alle Pannen, auch Ihre eigenen (Stift funktioniert nicht, Fleck auf dem Hemd …), mit Fassung, verlieren Sie Ihren Humor nicht. Für alles andere ist es sowieso zu spät und gerade solche Gelegenheiten sind oft Geschenke, die gute Chemie erzeugen können – je nachdem, wie Sie mit ihnen umgehen.

9. Trinken Sie wenig oder keinen Alkohol am Abend vor dem Termin mit Ihrem Personalberater und essen Sie kein Gericht, das mit Knoblauch gewürzt ist. Headhunter haben gute Nasen und setzen sie gnadenlos ein, um einen guten Kandidaten herauszuschnüffeln. Mehr als einmal ist mir passiert, dass die Gerüche im Besprechungszimmer so unerträglich waren, dass ich das Interview vorzeitig beenden *musste*, weil ich glaubte zu ersticken. Das gilt auch für Körper- und Mundgeruch. Fahnen sind absolut tödlich und alles andere, was nicht hundert Prozent angenehm riecht, beeinflusst die Chemie auf negative Weise.

10. Auch zynische Bemerkungen sind Gift für die Chemie. Damit haben Sie keine Chance. Gehen Sie gar nicht hin, wenn Sie nicht den nötigen Respekt für das Verfahren aufbringen können, auch wenn Ihre Skepsis berechtigt ist. Das gilt auch für einsilbige Antworten. Dem Kandidaten jedes Wort aus der Nase ziehen zu müssen, lässt den Berater eventuell vermuten, dass Sie ihn vor seinem Kunden blamieren werden. Noch schlimmer sind Klischeeantworten. Helfen Sie mit, ein vernünftiges, interessantes Gespräch zu führen. Wenn Sie zum Beispiel nach

Ihrer Wechselmotivation gefragt werden, antworten Sie nicht einfach wie tausend andere: »Ich suche eine neue Herausforderung.« Gehen Sie eine Ebene tiefer. Ohne Ihr Unternehmen zu kritisieren, erläutern Sie ruhig die Gründe, *weshalb* Sie »eine neue Herausforderung« suchen. Um uns eine abgedroschene Antwort zu ersparen, stellen wir Headhunter die Frage oft gar nicht direkt. Ein erfahrener Berater wird sie ungefähr so stellen: »Was schätzen Sie an Ihrem Chef?« Das ist nur eine Aufwärmfrage, gefolgt von: »Wenn Sie Ihr direkter Vorgesetzter wären, was würden Sie anders machen?« Oder: »Wenn Sie zu neunzig Prozent die Verantwortung übernähmen, was sind die zehn Prozent, die Ihr Unternehmen ändern müsste, um Sie zu behalten?« Umständliche indirekte und harmlos klingende Fragen werden absichtlich konstruiert, um Ihnen tiefere Beweggründe zu entlocken und Ihren antrainierten Schutzmechanismus auszuschalten.

11. Die Chemie beginnt noch vor dem ersten Kontakt – mit Ihrer Bewerbung. Bei einer Suche in einem deutschen Karriereportal bemühte ich mich um einen Verkäufer für Kompressoren. Bei der Eingabe der Suchbegriffe »Kompressor« und »Verkauf« stieß ich auf folgende Selbstdarstellung:

»*Bisher bin ichselbst ständig.ich schaffe Handel von olivenprodukte und Kompressorenteilen, aber schwer, nur Verlust. Vorher gründete ich Firma aber verkaufte ich meine Firma wegen meiner Kind und bin wieder in alte Stadt gekommen. Studiumabschluss nicht gelungen, weil ich nicht Mensch bin,der gut test machen kann und Bücherlernen. Nach 7 Jahre Studium oft durchgefallen, obwohl ich harte Arbeit gemacht habe undVorbereitung gut. Aber viel gelernt, nur kein Erfolg.*«

Mir ist klar, dass es sich hierbei um die Bewerbung eines Menschen handelt, der nicht fließend Deutsch spricht. Aber bei allem guten Willen und Verständnis: So geht das nicht! Der größte Frevel ist hier, den Text mit dem Eingeständnis eines Misserfolgs zu beenden. Damit geht man im Bewerbungsprozess zwar ehrlich um, hebt es aber nicht extra hervor.

Nach der mühseligen Eingabe Ihrer Daten möchten Sie vielleicht wissen, wie Ihr Profil bei den Personalberatern ankommt. Hier einige Hinweise dazu:

- Aus Zeitgründen wird die Suche oft sehr oberflächlich und nicht systematisch, sondern nach dem Zufallsprinzip ausgeführt. Deshalb ist es wichtig, dass Sie Ihr Profil so gestalten, als ob Sie es für eine Suchmaschine und nicht für das menschliche Gehirn entworfen hätten. Die ästhetischen Aspekte müssen Sie selbstverständlich auch in Ihrem Lebenslauf berücksichtigen, aber um gefunden zu werden, sind Schlagwörter mit all ihren Synonymen von immenser Bedeutung. Ein Beispiel: Teil Ihrer Tätigkeit ist der Erwerb von Ersatzteilen. Bauen Sie in Ihr Profil auch die Wörter »Einkauf«, »Verhandlung« und »Beschaffung« ein.

- Rechtschreibfehler passieren jedem einmal, einer oder zwei davon bedeuten nicht das Ende des Verfahrens. Aber verwechseln Sie ein Karriereportal nicht mit einer beliebigen App oder mit Facebook. Achten Sie sehr darauf, dass Sie Ihre Informationen korrekt eingeben.

- Seien Sie nicht unhöflich, wenn Sie aufgrund Ihres Profils angesprochen werden. Es war mir in Deutschland unbegreiflich, wie unwirsch manche Kandidaten auf meinen wirklich höflichen und professionellen Anruf reagierten. Ich verstehe das nicht, denn der Kandidat lädt ja durch das öffentliche Profil zur Kontaktaufnahme ein. Verärgerte, genervte, zynische und herablassende Kommentare haben mich immer wieder überrascht. Auch das herablassende »Ich suche schon seit sechs Monaten nicht mehr« kann ich nicht nachvollziehen, wenn das Profil noch aktiv auf dem Internetportal zum Anruf auf- fordert. Seien Sie einfach immer höflich. Auch wenn Sie den Berater momentan nicht brauchen: In der nächsten Stunde kann sich alles ändern.

- ✎ Wenn Sie nicht unbedingt müssen, anonymisieren Sie Ihr Profil nicht. Entweder – oder! Auf anonymisierte Profile greift man als Berater unter Zeitdruck nur dann zurück, wenn alle öffentlichen Profile abgegrast wurden und die Suche nicht ergiebig war. Im Vorfeld werden diese Profile erst einmal übersprungen. Und wenn Sie es anonymisieren, machen Sie es richtig. In mindestens vierzig Prozent der Fälle hat der Bewerber vergessen, irgendein identifizierendes Merkmal zu entfernen. Anonymisierte Profile verströmen nie gute Chemie. Berater schließen eventuell Misstrauen, fehlende dringende Wechselmotivation oder Ängstlichkeit daraus. In jedem Fall werden sie es als besonders aufwendig empfinden.

- ✎ Wie sicher sind Internet-Bewerbungsprofile? Im Gegensatz zu manchen anderen Ländern wird in Deutschland der Zu- gang zu den Karriereportalen auch direkt an Arbeitgeber ver- kauft. Aber aufgrund der enorm hohen Abonnementkosten mancher Portale sind es in der Regel nur große, finanzstarke Unternehmen, die sich Zugang beschaffen. Zu Ihrem Schutz haben Sie als Kandidat die Möglichkeit, gewisse Firmen von der Ansicht Ihres Profils auszuschließen. Achten Sie auf jeden Fall genau auf diese Einstellungen oder rufen Sie an und bitten Sie um Hilfe beim Erstellen Ihres Profils. Die Mitarbeiter von Karriereportalen sind in der Regel sehr hilfs- bereit und zugänglich.

- ✎ Halten Sie Ihren Lebenslauf knapp. Alles über fünf Seiten strengt an, wenn man täglich Dutzende oder Hunderte von Lebensläufen liest. Die Kunst, mit wenigen Worten viel aus- zusagen, ist auch ein Bestandteil der Chemie.

☙ Wählen Sie ein gewinnendes Bewerbungsfoto. Schlampige Frisur, unpassende Kleidung, witzige Bilder mit Haustieren, aber auch aggressiv wirkende Ganzkörperfotos mit verschränkten Armen oder stark zurückgelehnter Pose gehören nicht in ein Karriereprofil, sondern ins Fotoalbum. Warum sehen wir sie dann immer wieder? Sicherlich möchte man sich von der Masse abheben, aber wenn ein Kandidat dieses Bestreben übertreibt, sprechen wir Headhunter von einem »Bewerbungs-Gimmick«. Solche Spielereien beeindrucken uns selten, weil wir das schlecht weiterverkaufen können und das Verhalten eines auf diese Weise hervorstechenden Kandidaten beim Kunden schwerer prognostizierbar ist.

Sie brauchen keinen teuren Fotografen. Wenn Sie das Bild aufnehmen, setzen Sie sich einfach bequem und aufrecht hin. Drehen Sie eine Schulter leicht zur Kamera, das wirkt ansprechend. Halten Sie den Kopf gerade und auf die Kamera gerichtet. Vor allem wir Frauen tendieren dazu, den Kopf leicht nach rechts oder links zu neigen, um sympathisch zu wirken. Machen Sie das nicht, denn das wird gern als Mangel an Durchsetzungsvermögen interpretiert. Stellen Sie sich stattdessen vor, dass Sie angeregt über sich erzählen, mit einem natürlichen Lächeln und frohem Blick zur Kamera. So kreieren Sie Fotochemie!

☙ In puncto Anschreiben sind deutsche Bewerber die unbestrittenen Weltmeister. Ihre wunderschönen, individuell gestalteten Briefe beeindrucken mich immer wieder. Deutschland ist auch das einzige mir bekannte Land, das so viel Wert darauf legt. Zu Recht, denn so ein Brief erzeugt unmittelbar gute Chemie. Wenn Sie sich auf eine Stelle im englischsprachigen Ausland bewerben, halten Sie Ihr Anschreiben kurz und prüfen Sie, ob Ihr Englisch wirklich einwandfrei ist.

⌦ Auch bei psychometrischen Gutachten und Online-Tests kann man gute Chemie erzeugen, indem man spontan und ehrlich antwortet. Diese Tests sind heutzutage so ausgeklügelt, dass Widersprüche leicht entlarvt werden können.

⌦ Lügen erzeugen immer schlechte Chemie. Seien Sie ehrlich zu dem Personalberater Ihres Vertrauens. Er wird seriöse und kluge Wege finden, mit den kleinen Mängeln Ihrer Bewerbung umzugehen, und Sie dennoch gut unterbringen.

12. Die Chemie, die Sie mit Ihrem Headhunter verbunden hat, wirkt während des gesamten Verfahrens und darüber hinaus. Es ist sehr wichtig, das Gespräch erst dann zu beenden, wenn es Ihnen gelungen ist, eine gute Chemie zu erzeugen. Das gilt bis zum letzten Moment. Oft fällt gerade dann selbst ein sehr nettes Gespräch auseinander. Bleiben Sie bis zum Verlassen des Gebäudes innerlich bei der Sache.

Für einen Kandidaten ist ein Vorstellungstermin bei einem Headhunter nichts anderes als ein Verkaufsgespräch. Das Sammeln von Fakten und Informationen ist in diesem Stadium nebensächlich, auch wenn es scheinbar im Vordergrund steht. Das gilt natürlich nicht, wenn Sie aktiv auf Stellensuche sind und mit Personalvermittlern arbeiten. Dann müssen Sie sich im Vorfeld informieren, um nicht Ihre Zeit zu verschwenden. Aber bei Gesprächen mit echten Headhuntern sollten Sie ein bisschen Geduld aufbringen und sich die Zeit nehmen, Ihr Gegenüber für sich zu gewinnen. Langfristig gewinnen werden dadurch in erster Linie Sie.

13. Scheuen Sie sich nicht davor, ein Gespräch »abzuschließen«. Auch ein gelungener Ausstieg trägt zur guten Chemie bei. Hier ein paar Vorschläge:

⌦ »Was kann ich noch tun, um Ihnen bei meiner Vermittlung behilflich zu sein?«

- »Wie sehen Sie die Chancen? Worauf gründen Sie diese Aussage?«
- »Ich freue mich schon auf den nächsten Kontakt. Wann höre ich wieder von Ihnen?«
- »Was passiert als Nächstes?«
- »Was erwarten Sie von mir als Nächstes?«
- »Was darf ich von Ihnen als Nächstes erwarten?«

Abschluss: Erfolgreiche Vermittlung eines Kandidaten in ein Kundenunternehmen

AGG: Allgemeines Gleichberechtigungsgesetz, in Kraft seit dem 14. August 2006. Ziel des Gesetzes ist es, Benachteiligungen aus Gründen der Rasse oder wegen der ethnischen Herkunft, des Geschlechts, der Religion oder Weltanschauung, einer Behinderung, des Alters oder der sexuellen Identität zu verhindern oder zu beseitigen.

Benachteiligungen sind nach Maßgabe dieses Gesetzes unter anderem unzulässig in Bezug auf die Bedingungen, einschließlich Auswahlkriterien und Einstellungsbedingungen, für den Zugang zu unselbstständiger und selbstständiger Erwerbstätigkeit, unabhängig von Tätigkeitsfeld und beruflicher Position, sowie für den beruflichen Aufstieg.

Bewerber: In der Headhunting-Sprache ist ein Bewerber immer ein Stellensuchender – im Gegensatz zum Kandidaten, der von der Personalberatung angepeilt oder angeboten wird.

Bleeding Edge: Wortspiel, Pendant zu »Cutting Edge«. Ein Unternehmen bezahlt den Preis für Spitzentechnologie, indem es dafür finanziell »blutet«.

Brand: Marke, Warenzeichen

Business Developer: Bei manchen Headhunting-Firmen ist die Tätigkeit in Kandidaten- und Kundenbetreuung aufgeteilt. Unter Business Developer versteht man die Person, die sich aktiv um neue Kunden, also Auftraggeber, bemüht. Der Personalberater führt die Aktivitäten des Business Developers und des Researchers zusammen und schließt den Auftrag durch eine erfolgreiche Vermittlung ab.

CAD: Computer Aided Design. EDV-gestützte Konstruktion, wird im Ingenieursbereich eingesetzt.

CFO: Chief Finanzial Officer, höchster Finanzleiter eines Unternehmens

Cutting Edge: »Auf Messers Schneide«: Wortspiel, das den Einsatz innovativer Spitzentechnologie im Unternehmen umschreibt.

Executive Search Consultant: Mitarbeiter einer Executive-Search-Firma

Executive-Search-Firma: (Personalberatung) Ein Unternehmen, das durch Direktansprache einer oder mehrerer Zielpersonen, die von diesem Anbieter durch Recherchen identifiziert wurden, die Besetzung von vakanten Führungs- oder Expertenpositionen anbietet.

Executive-Search-Firmen werden beauftragt, wenn der Arbeitgeber davon ausgeht, dass die gewünschten Spezialisten nicht auf eine Stellenanzeige reagieren würden – oder auch dann, wenn der Auftraggeber nicht die Kapazität hat, eine Vielzahl von (unpassenden) Bewerbungen zu bearbeiten, die durch Inserate generiert würden.

Gambit: (auch: Ruse, Story) Schachzug, Manöver. Ein erfundener Vorwand, mit dem der Researcher einem Gesprächspartner Namen von Zielpersonen oder andere Informationen entlockt.

Gatekeeper: Die Person, die sich zwischen den Headhunter und die Zielperson stellt, indem sie eine Kontaktaufnahme verhindert oder erschwert. Zu den Gatekeepern zählt man zum Beispiel das Empfangspersonal oder Sekretärinnen.

Gimmick: Gag, Spielerei. In diesem Zusammenhang der Versuch eines Anwärters, sich durch unkonventionelles Bewerbungsgebaren hervorzuheben, zum Beispiel durch ein auffälliges Bewerbungsfoto, eine ungewöhnliche Art, den Lebenslauf abzuliefern (wie etwa mit einem Blumenstrauß oder mit Pralinen), die Bewerbung in einem besonderen Format einzureichen (zum Beispiel als DVD, in einer Schachtel o. Ä..), ein witziges Anschreiben zu formulieren, etc.

Grudge Fee: Grollgebühr. Bezeichnung für ein Honorar, das widerwillig bezahlt oder angefochten wird, weil das Preis-Leistungs-Verhältnis infrage gestellt wird, man aber keine Alternative zur Besetzung der vakanten Stelle gefunden hat.

Head Asset Management: Leitender Vermögensverwalter

Highest Demographic Spend: Höchste Ausgaben, bezogen auf eine demografisch definierte Zielgruppe

Ident: Identifikationsphase. Alternative Begriffe: Mapping, Recherche, Name-Gathering.

Der Kunde erstellt für die Executive-Search-Firma das gewünschte Profil oder es wird gemeinsam erarbeitet. Anhand dieses Profils erstellt der Researcher des Executive-Search-Unternehmens eine Quellenliste, analysiert die Zielunternehmen, in denen geeignete Fachkräfte gefunden werden könnten, und führt mit diesen Personen dann ein kurzes telefonisches Vorgespräch.

Imagoprinzip: Imago bezeichnet die Verwandlung eines Insekts, zum Beispiel von der Puppe zum Schmetterling. Das Imagoprinzip ist eine Möglichkeit der Verarbeitung von Konflikten in der Paartherapie. Der anfänglichen romantischen Phase folgt die Machtphase, in der die Konflikte beginnen, sich zu entwickeln. Das lässt sich auch auf die Beziehung zwischen Arbeitgeber und Arbeitnehmer übertragen.

Interim-Management: Zeitbefristetes Arbeitsverhältnis für eine Führungskraft, das über ein Zeitarbeitsunternehmen vermittelt wird.

Ivy League: Liga aus acht Eliteuniversitäten in den USA: Brown, Columbia, Cornell, Dartmouth, Harvard, Pennsylvania,

Princeton, Yale. Die Bezeichnung stammt ursprünglich aus dem Hochschulsport. Ivy = Efeu – eine Anspielung auf den Pflanzenbewuchs dieser alten, traditionsreichen Universitätsgebäude.

JIT: Just in Time. Bedarfsgekoppelte Lieferung von Teilen für die Herstellung von Gütern. Senkt die Kosten von Lagerhaltung und Transport und vermindert die Umstände und Risiken von Kontingentlieferungen.

Kaizen: Japanisch: Wandel zur Verbesserung. Managementsystem zur ständigen Verbesserung von Herstellungsabläufen.

Key Account Manager: Verkäuferisch veranlagter Betreuer eines oder mehrerer wichtiger Kundenunternehmen. Das Verkaufsmoment liegt hauptsächlich darin, die Kundenbeziehung aufrecht zu erhalten – nicht in der Kaltakquise.

Kompetenzinterview: Interviewfragetechnik, die großen Wert auf vergangenheitsbezogene Fallbeispiele legt, um prinzipielle oder zukünftige Entscheidungsmuster offenzulegen.

Kulanzinterview: Frühzeitig beendetes Interviews, wenn der Kandidat sich gleich zu Anfang des Gesprächs als unpassend erweist. In der Regel dauert ein Kulanzinterview 5 bis 15 Minuten.

Lean Management: »Schlankes Management. Bezeichnet die Gesamtheit der Denkprinzipien, Methoden und Verfahrensweisen zur effizienten Gestaltung der gesamten Wertschöpfungskette industrieller Güter.«[12]

Lean Manufacturing: Schlanke Fertigung. Bezeichnung für kostenoptimale Fertigungsprinzipien.

Longlist: Lange Liste. Eine Vorauswahl möglicher Kandidaten, die der Headhunter mit seinem Kunden bespricht, bevor er in die Tiefe geht. Aus der Longlist erarbeitet er dann die Shortlist.

Management Consultant: Unternehmensberater

MBA: »Master of Business Administration. Der Master-Abschluss in den Wirtschaftswissenschaften. Oft auch spezieller als Synonym für einen BWL-Aufbaustudiengang für zukünftige Führungskräfte, die ihren natur- oder ingenieurwissenschaftlichen Abschluss mit BWL-Kenntnissen ergänzen wollen.«[13]

MBL: Master Business Leadership: Siehe MBA, aber mit Schwerpunkt auf Führungswesen.

Name Dropping: Das anscheinend beiläufige »Fallenlassen« von Namen wichtiger Personen, mit denen man angeblich gut bekannt ist. Der Kandidat hat die Absicht, damit einen besseren Eindruck zu hinterlassen.

Off-limits: Außerhalb der Grenzen liegend. Im Headhunting werden manche Firmen als »off-limits« markiert. Ihre Angestellten werden von der Direktansprache ausgeschlossen, wenn es sich negativ auf die Geschäftsbeziehung einer Executive-Search-Firma zu einer ihrer Kundenfirmen auswirken würde. Häufig werden Off-limits-Definitionen auch auf Kundenwunsch erstellt, um deren Beziehungen zu ihren eigenen Geschäftspartnern nicht zu gefährden.

On-the-Job-Coaching: Praktische Fortsetzung des theoretischen Trainings direkt am Arbeitsplatz. Ein erfahrener Mitarbeiter begleitet den Neueinsteiger bei der Ausübung seiner Tätigkeit. Im Idealfall bis zu vier Monate, meist aber nur ein paar Tage oder Wochen.

Pink Recruiting: Gezielte Rekrutierung homosexueller Arbeitnehmer aufgrund von Quotenanforderungen dieser historisch benachteiligten Gruppe.

Power Distance Index: Machtdistanzindex. Entwickelt von Geert Hofstede im Zuge seiner Forschung über Auswirkungen kultureller Unterschiede am Arbeitsplatz.

Private Banker: Bankberater oder -betreuer von finanzstarken Privatkunden.

Quellenliste: Eine Liste der Unternehmen, in denen passende Kandidaten vermutet werden, etwa Wettbewerber, Anbieter verwandter Produkte oder Zulieferer, manchmal auch Kunden des Auftraggebers. Diese Unternehmen gehören jedoch nicht zum Kundenkreis der Personalberatung. Das würde gegen ethische Prinzipien verstoßen und brächte langfristig auch wirtschaftliche Nachteile für die Executive-Search-Firma. Kunden- und Quellenlisten schließen sich daher für eine respektable Personalberatung gegenseitig aus.

Recruiter, Recruitment Consultant: Moderne amerikanische Bezeichnungen für Personalberater

REFA: Der REFA-Verband dient der »Förderung, dem Aufbau und der Erhaltung einer wettbewerbsfähigen Wirtschaft, Verwaltung und Dienstleistung. Gleichranging und gleichgewichtig sind die Förderung und Weiterentwicklung der menschengerechten Arbeit für die in diesem Bereich Beschäftigten.«[14] Im Buch suchte der Kunde einen Arbeitsvorbereiter, der nach REFA Prinzipien ausgebildet wurde.

Researcher: Der Researcher einer Executive-Search-Firma assistiert dem Consultant (Personalberater), indem er Forschungen in der Berufsgruppe durchführt, in welcher ein Kandidat gesucht wird. Erfolgreich ist der Researcher, wenn er seinem Vorgesetzten eine Liste mit Namen von Kandidaten liefert, die nach einem kurzen Vorauswahlverfahren als wahrscheinlich geeignet identifiziert wurden. Außerdem erstellt der Researcher Statistiken und Informationen, etwa über gängige Gehaltsstrukturen, die der Personalberater seinem Kunden vorlegt. In manchen Fällen rechtfertigt diese Marktforschung ein Teil des Honorars auch im Falle einer Nichtbesetzung.

Die Position des Researchers bietet oft den Einstieg in die Headhunting-Branche. Obwohl die Tätigkeit sehr herausfordernd ist, sind die Einkommensmöglichkeiten begrenzt. Deshalb verfolgen viele Researcher das Ziel, zum Personalberater aufzusteigen, oder verlassen die Branche nach ein bis zwei Jahren.

Retainer: Vorschuss auf ein zu erwartendes Vermittlungshonorar. To retain = bewahren. Der Kunde »erhält« sich mit dieser Zahlung die Leistung über den Zeitraum eines langfristigen Auftrags.

Search: Personalsuche

Search Consultant: Personalberater

Shortlist: Kurze Liste. Eine Auswahl von drei bis fünf Kandidaten, die für eine vakante Stelle definitiv infrage kommen. Das ist eigentlich keine Liste, wie die Longlist, sondern der Headhunter präsentiert dem Kunden die Profile seiner selektierten Kandidaten. Er erwartet, dass der Kunde einen, mehrere oder in der Regel alle dieser Kandidaten interviewt.

Six Sigma: Qualitätsphilosophie- und Management-System aus der Automobilindustrie

Spray und Pray: Versprühen und Beten. Das fast ziellose Aussenden von Stellenangeboten in der Hoffnung auf Resonanz im Bereich von zwei bis drei Prozent.

Summa cum laude: Lateinisch: mit höchstem Lob. Auszeichnung für eine besondere akademische Leistung. In Deutschland hauptsächlich für die Bewertung einer Promotion angewandt, im Ausland auch für Diplome geläufig, wie zum Beispiel das eines Hochschul-Masters.

Support Desk: Anlaufstelle eines Unternehmens, wenn Mitarbeiter Hilfe zum Beispiel in einer EDV-Angelegenheit benötigen. In der Identphase wenden sich Researcher manchmal an Support Desks, um an Informationen über Mitarbeiter zu gelangen, da Support-Desk-Angestellte im Umgang mit externen Anrufern weniger geschult sind und hilfsbereit auf alle Fragen reagieren.

Talentcenter: Einrichtung großer Konzerne, bei denen Stellenbesetzungen zentral über eine Anlaufstelle weltweit abgewickelt werden.

TS 16949: Qualitätsphilosophie- und Management-System aus der Automobilindustrie

VDA 6: Qualitätsphilosophie- und Management-System aus der Automobilindustrie

Windowshoppers: Kandidaten, die sich auf das Gespräch mit einem Headhunter einlassen – mit der Absicht, sich zu informieren, ohne wirklich einen Arbeitsplatzwechsel in Erwägung zu ziehen.

1 Quelle: BDU-Marktstudie Personalberatung in Deutschland 2011/2012, 10.05.2012

2 branchentypische Abkürzung für »Identifikationsphase«

3 erfundener Name

4 umgerechnet und in etwa an Land und Zeit angepasst

5 in Südafrika liegen sechs Jahre Firmenzugehörigkeit von Fachkräften über dem Durchschnitt

6 Lückenjahr, geplante Auszeit zwischen zwei Lebensabschnitten

7 schwer zu übersetzendes Wortspiel, das eine Mischung aus Trottel und Unsympath beschreibt

8 angeordnetes Gedränge, eine Standardsituation im Rugby, mit der ein unterbrochenes Spiel neu gestartet wird

9 Bezeichnung für die in den 1980er- und 1990er-Jahren geborene Generation, die bereits im Umfeld von Internet und mobiler Kommunikation aufgewachsen ist

10 US-amerikanischer Marketing-Experte und Bestsellerautor

11 gemeint ist hier die südafrikanische Währung Rand: Eine Million Rand entspricht einer Summe von knapp 86.000 Euro

12 Quelle: Wikipedia-Artikel *Lean Managment*

13 Quelle: studis-online.de, Schlagwort: *MBA*

14 Quelle: Satzung des REFA Bundesverbands e. V.

DANKE!

Meine aufrichtige Bewunderung und Dankbarkeit richtet sich an alle, die sich zu einem Interview bereit erklärt haben. Ihre couragierte Offenheit hat mich sehr berührt. Nur sie ermöglichte es mir, ein Buch zu verfassen, das nicht nur informativ, sondern auch spannend ist.

Mein allergrößter Dank gilt der Geschäftsführung und allen Mitarbeitern des Schwarzkopf & Schwarzkopf Verlags. Ihre Weitsicht und ihre Ideen zur Realisierung dieses Projekts gaben mir die Möglichkeit, meine Erfahrungen in ein Buch zu verwandeln. Insbesondere bedanke ich mich bei Carolin Stanneck für die reizende und taktvolle Autorenbetreuung, ihr enormes Engagement und den nie abreißenden moralischen Beistand.

Auch den indirekt Beteiligten – Ingrid Kast und meinen Kollegen, Kunden und Kandidaten, mit denen ich seit Jahren zusammenarbeite – möchte ich danken. Von ihnen habe ich alles gelernt, was im Headhunting nützlich und gut ist.

Alle in meinen eigenen Kapiteln eingestanden Fehlentscheidungen, Handlungen und Irrwege entsprangen meiner eigenen Unbeholfenheit.

Dr X., wieder einmal danke ich Ihnen für Ihre Ermutigung und Ihre vernünftigen Ratschläge zum Verfassen auch dieses Manuskripts.

Sean Kinnear, danke für den Schubs in ein neues Abenteuer.